PELAJES CRIOLLOS

EMILIO SOLANET

PELAJES CRIOLLOS

LETEMENDIA
CASA EDITORA

Florida 336 - 2° piso of. 201
C1005AAH Buenos Aires, Argentina
Tel./Fax: (011) 4325-1237
e-mail: info@letemendia.com

Solanet, Emilio
Pelajes criollos - 3a ed. - Buenos Aires : Letemendía Casa Editora, 2014.
160 p. ; 28x20 cm.

ISBN 978-987-1316-26-7

1. Caballos Criollos. I. Título
CDD 636.1

Ilustración de la obra: Ángel Cabrera y Fernando Romero Carranza.
Ilustración de tapa: Reproducción de los célebres caballos "Gato" y "Mancha" de Fernando Romero Carranza.
Impresión: Ronor®

Pabellón de mi tierra,
Celeste y blanco,
Que te vean los criollos
Sobre su rancho...

DEL EDITOR

En octubre de 2001, en ocasión de presentar nuestra primera edición de *Pelajes criollos*, de Emilio Solanet, dijimos que se trataba de una obra que formaba parte del acervo cultural de los argentinos, de sus leyendas y de la tradición gaucha. Expresamos, asimismo, que nos impulsaba nuestro afán por recuperar, con orgullo, el amor a nuestra tierra y estirpe, para proyectarlo hacia el público actual y las generaciones por venir.

Esas intenciones se vieron recompensadas ampliamente: a esa primera edición fue necesario agregarle dos reimpresiones en 2003 y 2006, y una segunda edición en 2010, en vísperas de cumplirse el Bicentenario de la Revolución de Mayo y en su homenaje.

Que el libro encontrase un público ávido por conocer o rememorar su temática nos demostró que no nos habíamos equivocado al decidir su publicación. Dos ediciones y dos reimpresiones agotadas no dejaron lugar a dudas: la materia tratada por el Dr. Solanet seguía teniendo vigencia, como la siguen teniendo tantas otras cosas ligadas a nuestra tierra y a nuestras costumbres criollas.

Es por eso que hoy encaramos esta nueva edición, ilustrada como las anteriores con las logradas témperas de Ángel Cabrera y Fernando Romero Carranza, con el fin de seguir incitando el amor y la admiración hacia nuestro caballo criollo, aquel "caballito criollo del galope corto, / del aliento largo y del instinto fiel", al que cantara inspirado Belisario Roldán.

Abril de 2014

ÍNDICE

ÍNDICE DE LÁMINAS

PRÓLOGO

Pocas veces en la vida se producen circunstancias de tanta responsabilidad como las que me han colocado en la difícil pero agradable tarea de prologar este gran clásico de la literatura hipológica argentina, el libro *Pelajes Criollos* de Don Emilio Solanet.

Y además el doble compromiso de volver a ilustrar con mis pinturas los pelajes que para la primera edición realizó ese gran artista de nuestros temas camperos que fue Tito Saubidet, ilustraciones que se dispersaron luego de concretarse esa primera edición, quedando sólo las excelentes témperas originales de Ángel Cabrera que vuelven a reproducirse en ésta.

Prologar a Don Emilio y empardar a Saubidet, a quienes admiré siempre en mi modesta carrera como criador de caballos criollos y como pintor también de temas de nuestra llanura pampeana, me llena de satisfacción y de recuerdos agradables de mi juventud.

Recuerdos de Don Emilio, a quien conocí y admiré, y de Saubidet, a quien no conocí pero respeté a la distancia como maestro, desde aquel día que cayó por primera vez entre mis manos su *Vocabulario y Refranero Criollo*, otro clásico de nuestra cultura.

También de las entretenidas y didácticas polémicas en las que se trenzaba Solanet en las exposiciones de Palermo, con Tito Dowdall, Justo P. Sáenz, Omar Menvielle, Juan B.Tapia, el "Fraile" Horacio González del Solar, "Charrúa" y otros fanáticos discutiendo delante de algún box si ese caballo era entrepelado o azulejo overo, como si en esa precisión se les fuera la vida.

La obra de Emilio Solanet es hasta ahora –y creo que lo será siempre– el tratado más completo, científico, histórico y literario que se haya escrito respecto de la terminología, orígenes y descripción de los diferentes "pelajes" del Caballo Criollo.

Es un libro escrito con sensibilidad amenidad, seriedad y erudición, pero con un hondo sentido que me atrevo a calificar de "gauchesco", ya que las denominaciones de las diferentes "capas", o coloraciones básicas del caballo, y sus variantes cromáticas dadas por la combinación de distintos pelos y la aparición del blanco y el negro en detalles del cuerpo, cabeza y calzaduras, provienen todas del léxico de nuestros paisanos, gauchos, camperos o como quieran llamarlos, que Don Emilio supo recopilar.

Estos míticos pobladores de nuestras llanuras, gracias a esa dichosa variedad de matices que presentaba ante sus ojos el pelaje de la gran Raza Criolla que Solanet documenta, crearon una terminología tan variada y rica para referirse al colorido del caballo, que superó la tradicional parquedad de expresiones de su conversación corriente sobre otros temas de su interés.

Mientras más transcurra el tiempo, se globalicen las costumbres, se olvide nuestra cultura, se pierdan las tradiciones camperas, se uniformen los pelajes en todas las razas puras, se marginen los valores de las cosas simples, pero profundas por provenir de las raíces de la tierra y de la observación del hombre humilde, sabio en la apreciación del detalle cotidiano que le brinda la naturaleza, más valor adquirirá el tratado de Don Emilio Solanet como un irreemplazable clásico de la cultura Argentina.

FERNANDO ROMERO CARRANZA
Agosto de 2001

LAS CAPAS

En una patria como la nuestra, hecha a lomo de caballos, no es de extrañar que media docena de libros sean pocos para explicar las capas de sus pingos.

Los términos usados para designarlas, en su mayor parte son castizos de vieja cepa, y el resto, la minoría, se han originado aquí, derivándolos de aquel idioma o del léxico indígena. En el castellano actual y en los demás idiomas europeos poco se diferencian las variaciones del matiz que existe dentro de un color principal y casi todas se expresan con una palabra que las abarca en conjunto; aquí, gracias a la especialización del ojo campero, se las ha diferenciado en número muy grande, dando a cada una su vocablo propio.

Nuestro gaucho, provisto de una gran capacidad visiva y para quien su flete tuvo una importancia vital, pudo apreciar esas leves diferencias y dejar así en el país un vocabulario, el más rico entre todas las naciones hípicas.

COLORADO, LISTA, PICO BLANCO Y GARGANTILLA

Al respecto dice Mantegazza: "Tal vez el gaucho no posea ni media docena de palabras para expresar los pálidos matices del sentimiento, pero emplea más de treinta vocablos para distinguir el pelo de sus caballos". Y agregaré yo de mi costal: Mantegazza se queda corto al decir treinta; pasan de cien los que he conocido.

VALOR DEL PELAJE PARA EL DIAGNÓSTICO RACIAL

Podemos afirmar, con el profesor Dechambre, que el pelaje bien estudiado presta una gran ayuda para determinar la pureza de las razas, permitiéndonos, además, descubrir el origen de los mestizos: "Un tipo étnico no difiere solamente por su morfología, sino que también posee una capa de predilección que se encuentra con matices y variaciones individuales en su descendencia". El mismo zootecnista agrega más adelante: "Los que han tropezado con las dificultades en materia de diagnósticos de orígenes en los mestizos, no podrán negar la necesidad de recurrir, además de los atributos morfológicos, a fijar mucho la atención en los pelajes".

Y siendo así también, según mi experiencia, que la manta de los equinos aporta un elemento valioso para el conocimiento de las razas, es conveniente saber cuál es la que podemos considerar más típica de la criolla.

LA CAPA MÁS CARACTERÍSTICA DE LA RAZA

Es un concepto generalizado en la Argentina, que el pelo característico de la raza criolla lo constituye el gateado, vale decir, el bayo leonado.

De igual modo comprobamos que también hoy constituye la capa de los individuos sobresalientes de la raza, como lo demuestra su frecuencia en las mejores cabañas, así como la gran mayoría de campeones y primeros premios obtenidos por gateados en las Exposiciones de Buenos Aires de los últimos treinta años.

En cuanto a los variados pelajes que hoy día se encuentran, resultan probablemente, como dice el naturalista Félix de Azara (1781-1801), un hecho posterior a la formación de la raza, una consecuencia de la domesticación de los baguales y de la preferencia del aborigen y el gauderio, tanto para el caballo como para sus vestidos, ponchos, matras, etc., de los curiosos, variados y llamativos matices; predilección que explica por qué al notar tales colores, aparecidos por ley de variación doméstica, los seleccionaron y luego difundieron.

UN COLORADO LUCERO

Asimismo, la variación producida por la vida cerca del hombre se ha observado en muchas especies de animales, las cuales, durante su vida libre al lado de la naturaleza, han tenido o tienen el pelaje uniforme y a veces con cebraduras, por ejemplo, el gato montés, la paloma salvaje, etc. Y en cambio, las especies domésticas muestran y reproducen cambios de color, y pierden todas o parte de las características naturales del pelaje. Un ejemplo lo tenemos con la tinta baya cebruna de los *Cervus Dama*, que al vivir varias generaciones en cautividad producen ejemplares con otros colores, unos hacia el matiz del bayo claro, otros hacia el cebruno, lo que atribuye el doctor Dabene, naturalista del Zoológico de Buenos Aires (1922), a la influencia de la vida doméstica, que tiende a la variación de pelos.

POR LEY DE HERENCIA EXISTIÓ EL GATEADO

Veamos ahora alguna de las razones que explicarían la existencia, y luego el predominio del pelo gateado entre los baguales.

En primer lugar, la herencia es un factor que ha intervenido en su producción. “Una de las capas del caballo árabe es la isabelina, la que se halla también entre sus descendientes y aún sobre sus mestizos”, son palabras del profesor Dechambre. De su unión con la africana se produjo la raza berberisca en el norte de África y la raza galla de Abisinia y Eritrea, todas las cuales tienen entre sus pelos el bayo. Y recordemos que el islamita trajo a España e impuso esas sangres estampadoras orientales durante su dominación de ocho siglos, anterior e inmediata a la conquista de América.

En los cuadros españoles que reproducen escenas de los siglos XIV, XV y XVI se muestran con frecuencia los bayos y gateados. Aun hoy día, en la raza "moruna" abundan los bayos con la raya de mula, dice A. Cabrera en 1921. Que existió el gateado en la raza caballar española de la época de la conquista lo demuestra el manuscrito *Pintura de un potro** (España, libros de la jineta anteriores a 1655), que ya lo trae y con tal acepción; y aun más: que él fue traído posiblemente a América lo sugiere Bernal Díaz del Castillo en su *Verdadera historia de la conquista de la Nueva España, 1568* (Madrid, 1632), al citar entre los dieciséis caballos traídos, a dos "overos", los cuales, según Ángel Cabrera (*Comunicación a E. Solanet* de 1926), "eran evidentemente overos en el sentido del castellano de esa época, o sea bayos", y a uno de ellos, Díaz del Castillo le dice: "overo labrado de las manos", es decir, bayo con cebraduras en los remos, que cuando es bayo ocre, es lo que llamamos gateado. Bernardo de Balbuena a su vez, en *Grandeza mexicana*, al hablar de los caballos traídos por los conquistadores, describe "el galán ceniciento gateado".

De modo que por herencia debió hallarse tal pelo entre las manadas salvajes, descendientes de los caballos traídos por los españoles en tiempo de la conquista.

POR SELECCIÓN NATURAL SE DIFUNDIÓ

Expondremos ahora cómo la biología nos explica por qué al formarse la raza criolla y al adaptarse al nuevo medio ambiente debió generalizarse esa capa.

El profesor de zootecnia de la Universidad de Buenos Aires, doctor C. Martinolli, trae en su texto de Zootecnia General (Buenos Aires, 1925): "Es impresionante la similitud que a veces se nota entre el color de ciertos animales y el del medio ambiente que los rodea.

El fenómeno se nota en las condiciones más distintas de vida, en la tierra como en el mar, en las aves como en los mamíferos y peces. Muchos mamíferos que viven en los desiertos tienen los colores de las arenas que los cubren (el caso del gateado en nuestras pampas arenosas). Hay insectos, aves, batracios, que simulan perfectamente el color verde, amarillo, etc., de las plantas entre las cuales normalmente viven. Todos estos casos son debidos, según la teoría darwiniana, a la lucha incesante que los seres deben sostener para vivir. Ellos acometen o son acometidos, y estas funciones resultan tanto más fáciles cuanto menos visibles son los animales.

Es suficiente entonces que un individuo empiece a presentar un principio de color útil para que se encuentre en mejores condiciones de lucha y sobreviva y transmita por fuerza de herencia tal carácter, que se irá acentuando con las generaciones".

* *Pintura de un potro*, manuscrito de autor anónimo, recopilado de los libros de la jineta anteriores al 1655 en España y publicado en Madrid el año 1877, junto con el *Libro de la jineta y descendencia de los cavallos guzmanes*, de Luis Bañuelos y de la Cerda. Su autor fue, según el editor don José Antonio de Balenchana, un domador, caballerizo mayor de la célebre casa ducal de Osuna en el siglo XVII.

Resulta así fácil comprender cómo en las pampas sudamericanas, salvajes, difíciles y rigurosas para la vida, se habían dado ya estos tonos al puma, al guanaco, al aguará, al jaguar y a otras especies aborígenes. Y cuando los baguales más aptos para la lucha fuerte con el duro medio, concluyeron por adaptarse después de sucumbir los individuos débiles y mal constituidos, a través de una selección natural de siglos, la naturaleza había ya concluido de uniformarlos también con la manta del aguará y del guanaco, para que pudieran confundirse con los colores semejantes de las arenas, pajonales y pastos duros. Era un medio más para defender los potrillos de la voracidad de los perros cimarrones y del puma.

Bien dice un poeta rioplatense:

"Pelo gateado, pelaje
de paja brava reseca,
color de pampa salvaje".

OTROS ARGUMENTOS DEMOSTRATIVOS DEL CARÁCTER RACIAL DEL PELO GATEADO

Además debemos exponer un fenómeno evolutivo valioso que he observado con frecuencia, el cual nos trae una razón más en favor del carácter racial de la citada manta. Son relativamente numerosos los potrillos, criollos puros de pedigree y de pelo gateado al nacer, que a los tres o seis meses, un año o dos años, se convierten en lobunos, bayos, tostados, rosillos, etc., en parte o en la totalidad de su cuerpo. Y bien: esas mutaciones, debidamente comprobadas, constituyen un hecho ya conocido por las ciencias naturales en todas las especies animales; ellas enseñan que cada individuo, desde su primer momento embriológico, y luego, después de nacer, durante las diversas etapas de su vida, reproduce los diferentes grados de evolución por los cuales ha pasado la especie a que pertenece. O sea: que el desarrollo del individuo reproduce el desarrollo filogénico de su especie. Van a continuación algunos de estos hechos, entresacando los más conocidos.

El padrillo "Truco Cardal" S. B. A. 164, nacido gateado en noviembre de 1921 y que al transferirse, al cumplir los dos años de edad, al señor Felipe Z. Ballester (Colman F.C.G.R.) conservaba ese pelo. A los tres años de edad llega a inspeccionarlo el profesor Jorge E. Durrieu, para inscribirlo en el registro definitivo del S. B. A., y el citado juez, a pesar de conocer personalmente el método y exactitud con que llevo mis libros genealógicos, no pudo menos de sospechar una equivocación de padrillos, al ver que su pelaje era rosillo y no gateado, como figuraba en las boletas de nacimiento y transferencia, manifestándose en tal sentido por escrito al que suscribe; y fue necesaria la exposición de hechos análogos y la investigación de ciertos detalles individuales que mostraba el citado padre, para convencerlo que no había equivocación y sí sólo una interesante evolución en el pelaje del mismo animal. Otro caso observado por varios criadores es el de "Cardo" S. B. A. 167, gateado claro, nacido en octubre de 1921; concurre a Palermo en septiembre de 1923, donde al cumplir los dos años de edad sufre la variación de su color, hasta dar el de un lobuno. Y con esta capa es adquirido por el señor Martín Pereyra Iraola. Igualmente "Aparcero" S. B. A. 627 y "Bendito" S. B. A. 628, gateados hasta los dos años de edad, en que evolucionan hasta el lobuno el primero y hasta el pelo bayo el segundo (Exposición de 1925, Palermo); "Favorita Cardal" S. B. A. 0352, gateada al nacer y que a los tres meses es tostada. "Anta Cardal" S. B. A. 0459 y "Amarú Cardal" S. B. A. 0429, originariamente gateados, se convierten en rosillos a los pocos meses de edad. Omito otras observaciones análogas, que he recogido posteriormente, por creer ya suficientes las referidas para expresar que nos hallamos ante hechos filogénicos indicativos de que la estirpe colonial en el pasado tuvo un pelaje reproducido hoy al nacer por un gran número de ejemplares puros.

Estas consideraciones y otras más que anotaremos al tratar los pelos en particular nos hacen pensar que el bayo leonado y labrado, o sea el comúnmente dicho gateado, fue la manta que dominó en la raza del país durante su vida de selección natural y que hoy los ejemplares así vestidos son los más representativos de la raza primitiva.

EL GATEADO, PELAJE STANDARD

Por todas estas razones, al publicar en Buenos Aires, el año 1918, mi proyecto de standard para la raza criolla, puse al gateado en la pauta de colores hacia donde debíamos orientarnos. Este proyecto fue aprobado como standard por los criadores de criollo el 24 de junio de 1922, y adoptado oficialmente por la Sociedad Rural Argentina el 28 de septiembre de 1922.

Hoy, a los treinta y siete años de haber señalado ese pelaje, vemos que la experiencia demostró su acierto:

a) Porque es la capa que predomina en los mejores ejemplares. En Buenos Aires, en las Exposiciones de los años 1920 al 1953, se han acordado sesenta y ocho campeones criollos, de los cuales, sesenta y dos fueron gateados.

b) Porque, como dijimos en aquel entonces, cuando lleguemos con el criollo al Ejército, lo haremos, no sólo con el mejor caballo arma de guerra, sino también con el color más apropiado para ese oficio; con el color que dan al traje del soldado, por ser el menos visible al enemigo. Y así, el 20 de diciembre de 1950, cuando la raza criolla llegó al Ejército argentino, lo hizo con cien gateados, y al sitio de honor: al escuadrón número 1 del regimiento Granaderos General San Martín.

LOS MÁS APRECIADOS

Como veremos al estudiarlas por separado, muchas de las capas criollas son apreciadas por diversas condiciones que les atribuyen los caballistas americanos. Podemos, desde ya, adelantar que existe una mayoría de opinión campera en favor de la guapeza y resistencia que acompaña a los ejemplares del citado pelo clásico.

Es interesante el estudio de las aseveraciones del gaucho sobre las bondades que poseen comúnmente los caballos de tal o cual pelo, pues viviendo en íntima relación con el pingo, de cuyas cualidades dependió muchas veces su existencia, y al transmitirse estos juicios de padres a hijos a través de muchas generaciones, quedaron suficientemente autorizados por una experiencia prolongada.

Y yo creo que deben tenerse en cuenta esas apreciaciones, porque en muchos casos son científicamente explicables, y así no deben considerarse como resultado de la observación de espíritus rutinarios y supersticiosos. Considero que es juicioso admitir que el pelaje y otros signos exteriores, al obedecer a las leyes de herencia y correlación, son indicios de probables cualidades y caracteres individuales.

En efecto, el caballo del país, viviendo en un medio salvaje y sometido al riguroso ambiente hostil, tuvo que bregar contando sólo con sus fuerzas, o sea, sufrió la ruda y sabia selección realizada por la naturaleza, y así, debió perfeccionar su organismo hasta en los más íntimos detalles, adquiriendo superiores cualidades de fuerza y resistencia para la lucha por la vida. También es exacto que luego, el hombre, al alejarlo de la naturaleza y seleccionarlo artificialmente, casi siempre en forma anticientífica, le restó y achicó algunas de sus cualidades fisiológicas. Y bien: entonces, si aquel ser que orgánicamente era superior a la mayoría de sus descendientes domésticos actuales, tuvo un pelo característico, nada extraño sería que los individuos que hoy son herederos de su capa, también lo fueran por correlación de sus extraordinarias cualidades. Tal fenómeno, vuelvo a decirlo, no sería más que la resultante de la aplicación de las leyes de herencia atávica y de correlación.

SU DISTRIBUCIÓN GEOGRÁFICA

He hallado difundidos en el Uruguay, Brasil, Paraguay y Chile los variados pelajes que desde su domesticación existen dentro de la raza criolla en la República Argentina.

En cuanto a la mayor frecuencia de algunos colores en ciertas regiones, no creo que pueda establecerse con certeza en base de las observaciones publicadas. Puedo indicar únicamente algunos apuntes propios.

En mis viajes por Santa Fe, Entre Ríos, Corrientes, Misiones, Chaco y Formosa desde 1910 a 1940, hallé en abundancia los pelos bayos especialmente claros, los tordillos, y en general, una tendencia al albinismo.

En el noroeste argentino: comunes, el zaino, el oscuro, el tostado, el alazán y el colorado.

A los gateados, difundidos en la zona pampeana: provincia de Buenos Aires, sur de Santa Fe, Córdoba y San Luis, Gobernación de La Pampa y norte del Río Negro.

En el sur de la República: Río Negro, Chubut y Santa Cruz, encontré en gran número los pelos oscuros, predominando el tostado y el zaino; más escasos los blancos.

Estas comprobaciones indicarían una tendencia a la producción de tintes claros en la zona del litoral; del gateado en la pampeana y la preferencia para los pardos en la patagónico-boliviana (territorios del Sur y provincias andinas).

Apreciación que sería adversa a la enunciada por Buffón, quien atribuye poder a las regiones cálidas para producir tintas oscuras.

En cambio, marcharía de acuerdo con el naturalista Azara, quien cita, como ejemplo de sus aseveraciones, el hecho de que los cerdos blancos introducidos en el Paraguay se habían reproducido, y en grandes cantidades, continuando con ese pelaje (1781-1801). Igualmente con Dobritzhoffer, quien refiere que los caballos blancos eran más frecuentes que los negros en el Paraguay. Y asimismo con lo que sucede actualmente en algunas especies salvajes; ejemplo: el *Guazú Pitá* de Santiago del Estero, que da el color *Sayal Brown* (plancha XXIX del standard de Robert Ridgway), y los ejemplares de la misma especie traídos del Sur (Santa Cruz), que son más oscuros y tienen los matices *Sacards Umber* y *Snuff Brown* (plancha XXIX). Los individuos de las dos procedencias se hallaban en febrero de 1926 en jaulas próximas del Jardín Zoológico de Buenos Aires, lo que permitía su fácil comparación, y además, según me expresó su director, el naturalista Dabene, no representaban un hecho aislado, sino general a todos los ejemplares de la especie.

ORDEN DE ESTUDIO

Para tratar los pelajes en particular, estudiaremos primeramente las capas cuya nomenclatura proviene del matiz que recubre toda la superficie del cuerpo; en segundo lugar, las que obedecen a detalles existentes sobre cualquier región; tercero, las particularidades de la cabeza, y finalmente, las señas especiales a los miembros.

En estos cuatro grupos describiré las siguientes mantas, variedades y particularidades.

CAPÍTULO PRIMERO: LAS CAPAS CUYA NOMENCLATURA PROVIENE DEL MATIZ QUE CUBRE EL CONJUNTO DEL CUERPO

1. BLANCO
   - BLANCO PLATEADO
   - BLANCO MOSQUEADO
   - BLANCO ALBINO
   - BLANCO SABINO
   - BLANCO PORCELANO
   - BLANCO PORCELANO ROSADO
   - BLANCO OJOS NEGROS
2. BAYO
   - BAYO BLANCO
   - BAYO HUEVO DE PATO
   - BAYO AMARILLO
   - BAYO NARANJADO
   - BAYO ENCERADO
   - BAYO CEBRUNO
   - BAYO RUANO
   - BAYO CABOS NEGROS
   - BAYO DORADO
   - BAYO RODADO
3. GATEADO
   - GATEADO CLARO
   - GATEADO HOSCO
   - GATEADO PANGARÉ
   - GATEADO RUBLO
   - GATEADO BARCINO
4. CEBRUNO
   - CEBRUNO CLARO
   - CEBRUNO OSCURO
5. LOBUNO
   - LOBUNO CLARO
   - LOBUNO OSCURO
6. ALAZÁN
   - ALAZÁN CLARO
   - ALAZÁN TOSTADO
   - ALAZÁN DORADO
   - ALAZÁN RUANA
   - ALAZÁN RODADO
7. COLORADO
   - COLORADO COMÚN
   - COLORADO REQUEMADO
8. DORADILLO
9. ZAINO
   - ZAINO COLORADO
   - ZAINO NEGRO
   - ZAINO PARDO
10. OSCURO
    - OSCURO COMÚN
    - OSCURO RENEGRIDO
11. TORDILLO
    - TORDILLO BLANCO
    - TORDILLO NEGRO
    - TORDILLO PLATEADO
    - TORDILLO RODADO
    - TORDILLO OVERO
    - TORDILLO MOSQUEADO
    - TORDILLO SABINO
    - TORDILLO ZAFRANADO
    - TORDILLO RUCIO
12. MORO
    - MORO CLARO
    - MORO OSCURO
13. ROSILLO
    - ROSILLO BLANCO
    - ROSILLO COLORADO
    - ROSILLO RUBIO
    - ROSILLO RUANO
    - ROSILLO LABRADO
    - ROSILLO MORO
    - ROSILLO GATEADO
    - ROSILLO OVERO
    - BAYO ROSILLO
14. OVERO
    - OVERO NEGRO
    - TOSTADO OVERO
    - GATEADO OVERO
    - ZAINO OVERO
    - BAYO OVERO
    - MANCHADO
    - LOBUNO OVERO
    - OVERO ROSADO
    - CEBRUNO OVERO
    - AZULEJO OVERO
    - ALAZÁN OVERO
    - TOBIANO

CAPÍTULO SEGUNDO: AQUELLAS CUYOS NOMBRES OBEDECEN A DETALLES EXISTENTES EN DIVERSAS REGIONES DEL CUERPO

1. GALÁN
2. ENTREPELADO
3. PANGARÉ
4. DORADO
5. NEVADO
6. MOSQUEADO
7. SABINO
8. PORCELANO
9. SALPICADO
10. APOROTADO
11. LUNAREJO
12. RODADO
13. ATIGRADO O BARCINO
14. TIZNADO
15. CHORREADO
16. RUANO
17. RAYA DE MULA Y RAYA CRUZADA
18. YAGUANÉ
19. FAJADO
20. VANDEADO
21. LAGARTO
22. BRAGADO
23. MARUCHA MORA, RIÑÓN, ANCA MORA
24. PALETA OVERA, LOMO, CUADRIL, PANZA BLANCA, CHIQUIZUELA BLANCA, ETC.
25. RABICANO
26. TUSADO
27. REVESADOS Y REMOLINOS
28. CRESPO
29. TAPADO

CAPÍTULO TERCERO: LAS PARTICULARIDADES DE LA CABEZA

1. PELOS BLANCOS EN LA FRENTE
2. ESTRELLA
3. LUCERO
4. CORAZÓN
5. TESTERILLA
6. MASCARILLA
7. LISTA
8. MALACARA
9. PAMPA
10. PICO BLANCO
11. PICAZO
    - PICAZO LUCERO
    - PICAZO LISTA
    - PICAZO MALACARA
    - PICAZO PAMPA
    - PICAZO TESTERILLA
    - PICAZO MASCARILLA
    - PICAZO OVERO
12. BOCA DE MULA
13. GARGANTILLA
14. FIADOR
15. ZARCO
16. BIGOTES

CAPÍTULO CUARTO: LAS PARTICULARIDADES DE LOS MIEMBROS

	ARGEL
	MANEADO
	MEDIA RES
	CRUZADO
1. CALZADO ———	UNO, DOS, TRES Y CUATRO BLANCOS
2. CABOS NEGROS	PRINCIPIO DE CALZADO
3. MANO MORA, PIE MORO	CALZADO
4. CEBRADO	CALZADO ALTO
5. RANILLAS	BOTAS CON DELANTAL
6. ESPEJUELOS	

Al considerar cada capa acompañaré al nombre usado en la Argentina su sinonimia entre los indígenas, luego la del idioma castellano y otros extranjeros, salvando las equivocaciones con que frecuentemente han sido traducidas. Los nombres referentes a pelos de yeguarizos y su significado, con pocas excepciones, son, como veremos, comunes a todas las Repúblicas hispanoamericanas y aun al mismo Rio Grande do Sul, el Estado ganadero de la República del Brasil, de habla lusitana, que tiene su vocabulario gauchesco de origen netamente platense, pues como bien dice Ptolomeus Assis Brasil: "*Sob o ponto de visto histórico, geographico e dos costumes campeiros, Rio Grande do Sul, e, sem duvida, um prolongamento das Republicas platinas*" [1]; para el gaucho riograndés, como para el de las Repúblicas del Plata, su flete es un culto:

"*Pois quem não sente orgulho pelo pingo*
Não nasceu n'estes pagos, com certeza".

Para estudiar comparativamente esta materia nos hemos valido con preferencia del léxico campero sudamericano, y las pocas veces que hemos echado mano del Diccionario, lo hicimos de los más valiosos; así en el caso del castellano, del primer Diccionario, el recopilado en los años de 1726 al 39 [2], que tantas palabras trae de esas coloniales bien castizas que se usaron y aun se conservan en el habla gauchesca americana.

También para la sinonimia hípica hispana, de esa época, aprovechamos el ya citado manuscrito Pintura de un potro, tratado de autor anónimo, recopilado de libros de la jineta anteriores al 1655 en España y publicado en Madrid el año 1877.

1. ASSIS BRASIL, Ptolomeus: *Comunicación a Emilio Solanet* (Palacio do Goberno, Florianopolis, Brasil, 28 de agosto de 1931).
2. "Primer Diccionario de la lengua Castellana en que se explica el verdadero sentido de las voces, su naturaleza y calidad con las frases o modo de hablar, con proverbios o refranes, dedicado al Rey nuestro señor don Felipe V, a cuyas expensas se hace esta obra. En Madrid, años 1726, 1729, 1732, 1734, 1737, 1739".

Y agregaremos que los estudios filológicos del R. P. Juan P. Grenón, en las publicaciones de *Hípica histórica*, Colección Solanet (Córdoba, 1923-1924), basados en las investigaciones realizadas en el archivo de los Tribunales de Córdoba de la época colonial, son los que más nos han permitido conocer el valor de los vocablos utilizados en esta parte de América por los conquistadores, colonizadores y sus descendientes los criollos de los siglos XVI y XVII.

Para la sinonimia en el idioma inglés, utilizo en primer término los conocimientos del distinguido americanista don Heriberto Gibson, quien la ha establecido con exactitud en una extensa comunicación que me enviara el 25 de marzo de 1926 dedicada exclusivamente a este punto. Asimismo se anotan los usados por los indígenas en esta parte del Continente, cuidando de no incurrir en las impropiedades que traen algunos vocabularios comunes; al efecto nos hemos dirigido a las más puras fuentes indígenas, tales como al etimólogo don Samuel Lafone Quevedo y al destacado araucanista del Río Negro, don Juan Benigar.

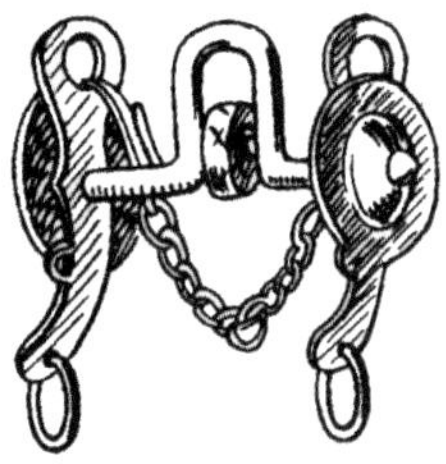

CAPÍTULO PRIMERO

Las capas consideradas sobre el conjunto del cuerpo

BLANCO

SINONIMIA

ARAUCANO (pampa): *pülag, pülag ku, vülag.* Hispanismos: *blan y flan.* [1, 2]
GUARANÍ: *morotí.* [3]
TOBA: *yapagac.* [4]
MOCOBÍ: *yelagacca, lalegayck.* [5]
COWBOY AMERICANO: *dead white, solid white, snow white, pure white.* [6]
ESPAÑOL Y RÍO DE LA PLATA EN LA ÉPOCA COLONIAL: *blanco, melado. Palomo, al blanco bien limpio y airoso.* [7]
RIOGRANDENSE: *mellado, melado, branco, pombo.* [8, 9, 10]
FRANCÉS: *blanc.*
ITALIANO: *bianco.*
INGLÉS: *white.* [11, 12, 13]
ALEMÁN: *weiss.* [14]
ESLAVO: *bieli.* [15]

1. BENIGAR, Juan. *Comunicación a E. Solanet.* Río Negro, Colonia Catriel, 1924.
2. BARBARÁ, Federico. *Vocabulario de la lengua pampa.* Buenos Aires, 1879.
3. CABRAL, Luis. ABÁ-ÑEÉ: *Vocabulario guaraní.* Buenos Aires, 1901.
4. BARZANA, P. *Arte y vocabulario de la lengua toba.* Autógrafo en el Museo Mitre. Buenos Aires, 1922.
5. LAFORE QUEVEDO, Samuel. *Vocabulario moscoví-español, fundado en los del Padre Tavolini.* La Plata, 1892.
6. ASHTON ROLLINS, Philip. *Comunicación a E. Solanet.* New York, 1º de julio de 1929.
7. AZARA, Félix de. *Apuntamientos para la Historia Natural de los cuadrúpedos del Paraguay y Río de la Plata.* Madrid, 1802.
8. ROMAGUERA CORREA, Dr. L. *Vocabulario sul-riograndense.* Pelotas, 1898.
9. CALLAGE, Roque. *Vocabulario gaucho. Rio Grande do Sul.* Porto Alegre, 1928.
10. ECHENIQUE filho, Guilherme. *Comunicación a E. Solanet.* Pelotas, octubre de 1931.
11. GIBSON, Heriberto. *Comunicación a E. Solanet.* Buenos Aires, marzo de 1926.
12. DRYBROUGH, T. B. *Polo*, London, 1906.
13. FOREIGN AMATEUR RACING SOCIETY. *Autumn meeting.* Buenos Aires, abril de 1852.
14. JÓSST, W. *Namen bezw. Bezeichmungen der verschiedenfarbigen Pferde in Argentinien.* Berlín, 1877.
15. JELUSICH, Felipe (Instituto de Hipología). *Comunicación a E. Solanet del 5 de octubre de 1926, sobre sinonimias y capas del caballo en el idioma eslavo-servio, esloveno o yugoeslavo.* Buenos Aires, 1926.

"Blanco plateado", en inglés: *silver white* [11]. En Brasil: *branco prateado o argentino.* [16]
"Blanco mosqueado", en inglés: *flea-bitten white.* [11]
"Blanco sabino", en inglés: *red speckled white, roan flecked white.* [11, 17]
"Blanco porcelano rosado", en inglés: *rose flecked white.* [11]
"Blanco albino", en inglés: *albino white.* [11]
"Blanco porcelano", en Rio Grande: *branco porcellano.* [16]

DEFINICIÓN

Se dice del caballo cuya capa es de color blanco. Casi siempre podemos comprobar la presencia de algunos pelos de otro color que no cambian el aspecto general.

El término "melado", usado en la época colonial, es, según Azara, el de un caballo totalmente blanco. Y en Rio Grande do Sul (Brasil) se dice "*mellado*": "*dos animaes cavallares o muares que son completamente brancos, alvos, tendo quasi sempre os olhos ramellosos*".

SUBDIVISIONES

En la República Argentina se distinguen las siguientes variaciones del blanco común:

El *blanco plateado*, cuando es lustroso y brillante, lo da el animal bien cuidado. En 1739, una lista de haciendas que figura en los archivos de los Tribunales de Córdoba, trae, entre otras manadas, "la de un plateado, que se compone de ocho yeguas".

Blanco mosqueado, al que lleva diseminados y en forma regular puntos negros del tamaño de una mosca. En España: *mosqueado* [18], y en francés: *moucheté*.

Blanco sabino se dice del que muestra sembradas en parte o en la totalidad de su cuerpo pintas rosadas del tamaño de un grano de maní. Es el *blanco atruchado* o *avutardado* de España. [19]

Blanco albino, si además tiene blancos los ojos por depigmentación congénita, entera o parcial, de los párpados, pestañas y el iris. Ya en 1650 se cita en los archivos de los Tribunales de Córdoba un blanco zarco de la silla de don José Ramírez, en la provincia del Tucumán; y en 1800, refiere Azara, caballos blancos y píos u overos, que eran albinos, por tener los "ojos azules, peladuras y caspa". Hoy día, comúnmente, se le dice zarco al que lleva el iris blanco o azulado. En el Brasil "*dizse-se que o cavallo e gazeo quando tem um ou dois olhos descoloridos, com uma côr geralmente azul clara. E'sensivel á luz. Quando gazeo e de pellagem branca, o cavallo é vulgarmente chamado pombo*".

16. LIMA CORREA P. de. *Contribuçāo para o estudo da criaçāo do cavallo.* São Paulo, 1928.
17. NORRIS, Guillermo. *Comunicación a E. Solanet.* Buenos Aires, 10 de abril de 1929.
18. ESPEJO Y DE ROSAL, Rafael. *Tratado de la cría caballar, mular y asnal.* Madrid, 1881.
19. CABRERA, Ángel. *Comunicación a E. Solanet.* La Plata, 25 de diciembre de 1926.

Blanco porcelano, o simplemente *porcelano*, aquel cuya piel lleva manchas negras, las cuales, por transparencia a través del pelo blanco, producen el reflejo azul de la porcelana. Corresponde al blanco porcelano del español, al *brancocouros-negros* de los riograndenses y al *branco porcellano* de otros Estados brasileños. Es el blanco *porcelaine* del francés y el "porcelana" que trae el viejo Diccionario español de 1726: "Porcelana se llama también el color blanco mezclado de azul".

El gauderio rioplatense lo diferencia netamente del azulejo overo, en el cual, como veremos, existen manchas negras, pero que se hallan, no sólo en la epidermis, sino también sobre el pelo. En ambos casos se producen los reflejos de esa loza fina.

El porcelano lo trae E. Zeballos en *Painé* como la monta del cacique Yanguelén en 1838, cuando fue batido por las fuerzas del ranquel Painé. A mi vez he oído referir por numerosos testigos de la época, vecinos del centro sur de la provincia de Buenos Aires, que en 1878 hubo un "*porce1ano como lus*", de don Justo Venencia, ganador de muchas carreras en el pago de "El

BLANCO PALOMO

Cardal", en Ayacucho. Y con fecha 17 de noviembre de 1922, el señor Juan Carlos Vivot me cedió la fotografía de un caballo "porcelano" criollo de tipo subconvexo definido y con el siguiente informe: "Entre las pruebas de resistencia de este crédito de pelo porcelano, cuenta la de haber hecho repetidas veces la siguiente: mi señor padre, don Narciso Vivot, partía, al colorear el día, del entonces Rincón de Vivot (El Retiro) y llegaba a Buenos Aires a la entrada del sol; lo que por el camino de esa época (1875), representaba no menos de treinta leguas. Murió el caballo en la campaña del Desierto, donde fue llevado por mi tío el coronel Juan Francisco Vivot ".

También se conoce aquí el pelo *blanco porcelano rosado*, que se caracteriza por tener manchas rosadas en la epidermis, las cuales manchas se notan por transparencia a través de los pelos blancos que cubren su piel.

Blancos ojos negros o *anteojeras negras*, aquel cuyo borde parpebral, pestañas e iris son oscuros. Muy raros y apreciados.

BLANCO PORCELANO

CUALIDADES ATRIBUIDAS A LOS CABALLOS DE ESTE PELO

Desde antiguo estos caballos gozaron la prerrogativa de servir a los dioses y a los grandes: Rama Tchándra, jefe de los arios, llegó a la conquista de las Indias en un carro tirado por caballos blancos.

El carro de Júpiter, con ocho caballos blancos y precedido por otros diez del mismo color y considerados sagrados, marchaba al frente del ejército de Jerjes al salir en sus campañas guerreras. Los carros triunfales romanos, desde la época de Rómulo, eran servidos por animales de ese pelo. Ellos también los consideraban de buen augurio y los llevaban al frente de las legiones, anunciando el feliz resultado de sus campañas. Los árabes, refiriéndose a ellos, dicen: "Es el color de los príncipes, pero no soporta el calor", "Tómalo blanco como una bandera de seda con el rededor de los ojos negro".

La costumbre de darles un lugar preferido en las fiestas fue traída a América por los virreyes españoles, y luego, después de la independencia, fueron numerosos los jefes y gobernantes que así los utilizaron. De la silla de don Juan Manuel de Rosas fue "un blanco todo, viejo ya, que se conservaba con muchos mimos, le ponían manta, le daban ración y no iba al campo con los demás", según me refería monseñor Marcos de Ezcurra en abril de 1924, quien lo alcanzó a conocer en la estancia que perteneció al gobernador: la estancia "Del Pino", en el partido de Matanzas. Refiere Hutchinson que en 1866 el general Antonio Taboada, durante sus viajes por el Bracho, utilizaba para su carruaje y los soldados de la escolta setenta y cinco caballos blancos, y con una disciplina tan completa como los soldados.

Antiguamente eran usuales en el coche del gobernador de la provincia de Buenos Aires (C. Lemée).

En los ritos litúrgicos de los tehuelches y araucanos, tales como el "Villatun", se les sacrificaba en ofrendas y rogativas a los dioses.

Un cuerpo de línea, el 3 de caballería del ejército argentino, estuvo montado totalmente en caballos blancos, y el general Villegas, su jefe, realizó con ellos extraordinarias campañas (Trenque Lauquén, 1874; Pampa Central y Río Negro, 1879; Neuquén y Nahuel Huapí, 1880; Los Andes, 1883), obteniendo, según refiere el general Ramayón, excelentes resultados. Y a fines del siglo pasado (1898) fue célebre en el sur de la provincia de Buenos Aires, en las carreras de trote, "el criollo blanco" de don Juan C. Moore, extraordinario por la facilidad con que ganó gran número de pruebas en el hipódromo de Bahía Blanca y aun contra trotadores de raza franceses y norteamericanos. Marcó 1'29 3/5 los 1.000 metros. Tenía unos lunares moros del tamaño de una moneda de cobre de dos centavos.

Y no solamente tuvo algunas veces la preferencia para pasear o exhibirse, de los gobernantes y jefes militares sudamericanos, sino que también lo ensillaron para el combate como supremo alarde de valentía; así, Facundo Quiroga, en la batalla de Chacón, se presenta con un caballo blanco. Baigorrita, el gran cacique ranquel, montaba un soberbio pingo blanco el 15 de junio de 1879, cuando fue muerto en Añelo (margen izquierda del río Neuquén).

El montado favorito del mariscal López era un blanco llamado "Mandiyú" –"algodón" en guaraní– cabalmente por su blancura nívea, y el mismo dictador paraguayo, en el paso de Gómez, cabalgó en su blanco de batalla (12 de septiembre de 1866).

Antiguamente, cincuenta años antes de Jesucristo, Virgilio los cita como flojos. De idéntico modo, Pedro de Aguilar, en España (1572), dice que suelen ser flemáticos, blandos y tardíos.

En nuestros días, en la campaña argentina, aparte de los pocos blancos plateados, y particularmente de ojos negros, que son estimados por su belleza, se desechan los otros que están en mayoría, por las frecuentes melanosis, por sus párpados y narices rosadas, propensas a los eritemas solares y de tan desagradable aspecto, su piel más débil a los ácaros, piojos, etc., y sus vasos, que como todos los blancos son de menor resistencia, más blandos y quebradizos; con razón nuestro campero los considera como "la última carta de la baraja".

Respecto a sus defectos visuales existe un refrán argentino: "El blanco es quitilipe", que merece explicarse. En las provincias del interior y andinas se le dice "quitilipe" (catamarqueñismo) a un ave nocturna parecida al búho. Y como el caballo criollo blanco es frecuentemente albino y zarco (pestañas blancas e iris azul), caracteres que no ofrecen para los rayos del sol la resistencia propia de los pigmentados, resulta que al sol fuerte sufren dificultades ópticas, cierran los ojos y son dormilones, de tal modo que se les ve marchar y alimentarse sólo a la caída de la tarde, al oscurecer, o sea, son nocturnos como el quitilipe, resultando apropiado el calificativo.

Yo he comprobado en varias ocasiones que los zarcos resultan siesteros en verano durante las horas de calor y sol del mediodía y que al arrearlos tropiezan frecuentemente con los obstáculos del camino: son cegatones. Un ardid de los muchachos de nuestra campaña consiste en acercárseles con cautela durante la siesta, sorprenderlos acostados durmiendo y agarrándolos de las orejas apretarles la cabeza contra el suelo.

Referente al blanco dicen los riograndeses: "*São pessimos para à montaria os animaes d'esse pello, tendo quasi sempre os olhos ramellosos. O animal desse pello e quasi sempre imprestavel*".

Lemée cita el decir común de que atraen la centella. Y para finalizar estas referencias anotaremos la aptitud natatoria atribuida al blanco por los naturales del Río de la Plata.

BAYO

SINONIMIA

Araucano (pampa): *vayú, favú, faillú* (hispanismos).
Mocobí: *coñoyek*.
Cowboy americano: *cream*.
Sud América: *bayo*.

BRASIL (RIO GRANDE DO SUL): *baio, isabel.*
CASTELLANO: *overo, baio, bayo, isabelino.*
FRANCÉS: *isabelle.*
ITALIANO: *isabello.*
INGLÉS: *Isabel, dun.*
ALEMÁN: *Isabell, falb, gemeiner falb.*
ESLAVO: *zutkas* (amarillento).

"Bayo blanco", en inglés: *light dun.* El cowboy: *clybank*, y el mexicano: *bayo coyote.* En alemán: *semmelfalb.*
"Bayo huevo de pato", en inglés: *grey dun.*
"Bayo amarillo", en inglés: *yellow dun.* El cowboy americano: *light buckskin* o *chestnut.* En alemán: *gelbfalb.*
"Bayo naranjado", en inglés: *orange dun.* El cowboy: *dark buckskin.*
"Bayo encerado", en inglés: *olive coloured dun.*
"Bayo cebruno": *baio sebruno* de los riograndenses (Brasil), *dark dun, dark dappled horse, dark bay* o *dark brown* para los británicos y *rehfalb* para los alemanes.
"Bayo ruano", en inglés: *cream with white mane and tail. Baio ruano*, en Rio Grande do Sul. *Palomino*, en México y suroeste de los Estados Unidos de Norteamérica.
"Bayo dorado", en inglés: *golden dun*; en California: *sorel* o *gruella*; *zebra marked dun. Baio dourado ou douradilho* para el riograndés.
"Bayo rodado": *baio rodado ou apatacado ou chamalotado* de los riograndenses.

DEFINICIÓN

De color amarillento.

VALOR DE LA PALABRA "BAYO" EN EUROPA

En los Siglos XV y XVI, en España la palabra "bayo" significaba el "color dorado bajo que tira a blanco". [20]

Algunos buenos Diccionarios actuales, Federico Huesca en su *Diccionario Hípico y del Sport* (Madrid, 1880), el de la Real Academia Española de 1925 y autores zootécnicos españoles lo traen también con tal acepción, vale decir, blanco amarillento y como sinónimo de "isabela" e "isabelino". El término "isabela", según refieren viejos libros, se originó y difundió en España y el resto de Europa a raíz del sitio de Ostende (1601-1604): Isabel de Austria, hija de Felipe II, había jurado no cambiar su camisa hasta rendir la plaza; el sitio duró ocho meses, y cuando Isabel cumplió su voto, la camisa había cambiado de color. Desde entonces

20. *Pintura de un potro* (hípica anterior al 1655) y en el primer Diccionario castellano (1726-39).

el amarillo recibió el nombre de "isabela". Este vocablo casi no se aplicó en el Río de la Plata, donde se conservó la palabra "bayo", que trajeron los conquistadores.

Pocas publicaciones españolas le dan equivocadamente a la palabra "bayo" el valor de nuestro zaino. Probablemente traducen mal el "*bai*" de los franceses, "*baio*" de los italianos y "*bay*" de los ingleses, que no significan nuestro pelaje bayo, sino el colorado oscuro, o sea el zaino de la Argentina.

SU ACEPCIÓN Y USO EN SUD AMÉRICA

Esta palabra ya es de uso corriente en tierra americana desde el primer momento de la conquista y colonización.

En el Uruguay, Brasil, Paraguay, Chile, México, etc., se le da el mismo valor que en la Argentina. *Pelo amarellado*, lo definen los riograndenses. Los llaneros venezolanos le dicen bayo al caballo de color amarillento o café con leche.

El inca Garcilaso de la Vega la utiliza en 1553, en sus *Comentarios reales* del Perú. En jurisdicción del Río de la Plata la encuentro citada ya en 1596; refiriéndose al indio bandolero Cachimichilín, que azotaba las sierras, se dice en un expediente de los tribunales de Córdoba: "Pedro tomó un caballo rucio y lo soltó diciendo que era malo y éste tomó un bayo y se fueron a la sierra". [21]

En los mismos archivos comprobamos que el bayo blanco y el bayo cabos negros ya se diferenciaban en 1669. En 1742 y 1796 se distinguía el bayo blanco, bayo naranjado, bayo oscuro, bayo overo y bayo ruano.

En 1803 figura un bayo pardo. En 1822 el poeta rioplatense Bartolomé Hidalgo cita un bayo amarillo en el sur de la Provincia de Buenos Aires, y muy apreciado para los paseos.

SUBDIVISIONES Y ESTUDIO CROMÁTICO

Bayo blanco o bayo claro. Es el blanco con un ligero tinte amarillento.

Constituye el punto de unión entre el blanco y los bayos. Los caballos de raza criolla estudiados en las Exposiciones de Palermo en los años 1920 a 1947, mediante la pauta de colores de Robert Ridgway (Washington, 1912), me demostraron que los de este pelo corresponden al *Yvory Yellow,* plancha XXX del citado texto. Es un marfil con leve color amarillento, producido este matiz por la unión del amarillo con el naranja en la proporción de 75 a 25 (Robert Ridgway).

Los *Camelus Dromedarius* (Linn.) del Zoológico de Palermo muestran generalmente un pelaje bayo blanco, [22] pero ciertos individuos de esta especie, y aun los de la misma

21. GRENÓN, Juan P. *Hípica histórica*, Colección Solanet. De los Archivos de los Tribunales de Córdoba, 1924.
22. El estudio comparativo de estas especies del Zoológico de Buenos Aires, con el color standard de Robert Ridgway, fue hecho por primera vez el 10 de septiembre de 1924, tanto para los pelos de este matiz cuanto para los que encontraremos más adelante. Y como muchos de estos ejemplares zoológicos no habían terminado de mudar el pelo de invierno por el de verano, realicé en febrero de 1926 un nuevo estudio para confirmar o corregir el anterior. Con la letra (p) indico los verificados en la primavera de 1924 y con la (v) los del verano de 1926.

BAYO HUEVO DE PATO

familia, dan unas veces el matiz del bayo blanco, otras el del bayo amarillo y en algunos casos hasta el del bayo cebruno (p).

Bayo huevo de pato. Es el de color amarillo cremoso. Sus pelos, cerdas y cascos dan también la coloración crema. Es un bayo blanco con más porcentaje de naranja. Lo da exactamente la cáscara de huevo del pato silvestre de la Argentina, común en la provincia de Buenos Aires.

En el standard corresponde al *Light Buff*, plancha XV (cuyo colorante se halla formado por 35 de amarillo y 65 de naranja), matiz que trae una menor proporción de amarillo y mayor de naranja que el bayo blanco.

Esta capa la llevan algunos pocos *Cervus Dama* (L.), estudiados en febrero de 1926 en el Zoológico de Buenos Aires.

Bayo amarillo. De un amarillo como el de la yema del huevo de gallina extendida sobre una porcelana blanca. Es el *baio amarello* del riograndés. Criollos de este pelo dan el *Buff Yellow* (plancha IV), el *Cream Color* (plancha XVI) y el *Cream Buff* (plancha XXX). Posee un colorante formado por la mezcla en partes casi iguales de amarillo y naranja, 47 del primero y 53 del segundo (R. Ridgway).

En el Jardín Municipal lo hallé sobre el Aguará-Guazú (gran zorro), *Canis Jubatus* (Desmarets) (p) y en algunos ejemplares comunes del *Felix Domesticus* (L.) (p).

El naturalista Eric Boman, de la Universidad de Buenos Aires, en su comunicación del 25 de septiembre de 1922, me refiere que el *Onohipidium Saldiasi* (Roth), cuyos restos fueron hallados en la gruta de Última Esperanza, mostraba "los cascos coronados de pelos de color amarillo claro y en otras partes rojizo".

BAYO BLANCO

BAYO AMARILLO

Bayo naranjado o naranjo. Es un bayo amarillo con mayor proporción del color de la naranja.

En la estancia de don Francisco Figueroa y Mendoza, en Córdoba, se menciona en 1739 la manada de un bayo naranjado agililla, compuesta de diez yeguas y la de otro "bayo naranjado que se compone de once yeguas y cuatro potrancas de dos años". [23]

Al acercar la pauta a los animales así llamados comprobé que correspondían al *Light Ochraceous Buff*, plancha XV (con 20 por ciento de amarillo y 80 de naranja), y al *Ochraceous Buff* y *Ochraceous Orange* de la plancha XV (con idéntica proporción de colores que el anterior).

Esta capa se aprecia en los ejemplares de las siguientes especies animales: el *Canis Magaellánicus* (Gray) (p), *Félix Onca* (L.) (v) y en la parte dorsal y lateral superior del tronco y miembros del *Erythrocebus Patas* (Schereber) (p), cuya parte ventral es más débil y clara, como lavada, o sea, dando el carácter conocido con el nombre de "pangaré".

23. GRENÓN, Juan P.

BAYO NARANJADO

El *Leontocebus* (Marikina) *Rosalía* (Linn.) del este del Brasil, el "monitoleón", da también el bayo naranja y brillante, especialmente en la cabeza (p).

Bayo encerado. Más oscuro que los anteriores y análogo al color de la cera virgen; es limpio y sin zonas de pelos más hoscos. No trae cebraduras. También conocido con ese nombre en la campaña de Rio Grande do Sul.

Corresponde al *Buckthorn Brown* (plancha XV), al *Tawny Olive*, *Clay Color* y *Sayal Brown* (plancha XXIX) y al *Isabella Color* (plancha XXX).

Estos tonos los hallamos en los siguientes huéspedes del Zoológico: en la mayoría de los *Cervus Dama* (L.) (v), *Llama Glama Huanacus* (Mol.) (v), *Llama Glama* (Linn.) (v), en los *Cervus Elaphus* (Linn.) var. *Scoticus* (Lonnb.) (v), *Felix Puma* (L.) (v) y *Felix Leo* (L.) (v).

Bayo cebruno. Baio sebruno para los riograndenses. Es un bayo de matiz oscuro como el encerado y el gateado. Se diferencia del encerado en que el bayo cebruno lleva superpuesto en ciertas partes un tizne pardo que lo acerca al color del cebruno.

Nunca tiene rayas oscuras transversales o cebraduras, pues en tal caso pasaría a llamarse "gateado". Puede, sí, llevar la raya de mula mediana y dorsal más o menos neta, el listoncillo de los mexicanos.

En *Pintura de un potro* ya se menciona entre las variedades del bayo, diciendo que hay bayos "deslabazados, cebrunos y rodados".

Los criollos denominados bayos cebrunos dan los siguientes tintes: *Ochraceous Tawny* y *Buckthorn Brown* (plancha XV), *Sayal Brown*, *Clay Color* y *Tawny Olive* (plancha XXIX), o sea los mismos del encerado y del gateado y con idéntico porcentaje de amarillo y naranja.

BAYO ENCERADO

De modo que el bayo encerado, el bayo cebruno y el gateado tienen el mismo color de fondo. La diferencia está en que el encerado es limpio, el cebruno tiene tiznes pardos y el gateado las cebraduras.

El bayo cebruno es común en diversas especies animales; así, lo vemos en el *Guazú Pitá* del norte y centro de la República, Santiago del Estero (v); el *Cervus Elaphus* (Linn.) var. *Scoticus* (Lonnb.) (v); la mayoría de los *Cervus Dama* Linn (v); en el *Lama Vicugna* (Mol.) (v); *Llama Glama Huanacus* (Mol.) (v); pocas *Llamas Glama* (Linn.) (v); *Félix Tigris* (L.) (v); *Félix Pardalis* (Linn.) (v); *Félix Puma* (L.) (v); en el *Félix Leo* (L.) (v) y en las cuatro patas de la *Gazela Arábiga* (Litch.) var. *Erlangeri* (p).

Su frecuencia en los ciervos, y especialmente en el común europeo: el *Cervus Dama* (L.), explica, según algunos, el origen del nombre "cervuno", el que luego, por corrupción, se pronunció "cebruno". Para el doctor Ángel Cabrera, en cambio, derivaría de "cebra", que en castellano antiguo designaba la cabra montés (*Capra pyrenaica*) y cuyo color correspondía al del cebruno.

Bayo encerado y bayo cebruno es el color más frecuente (un 60 por ciento) en los camellos del norte del África, según el citado naturalista A. Cabrera.

Bayo ruano. Nuestros camperos llaman así al bayo con la crin y cola más o menos blancas. Ya en junio de 1739 se citan "una manada de un bayo ruano, que se compone de seis yeguas y ocho potros de dos años...", "un caballo bayo ruano y agililla..." y "una manada de un bayo ruano que se compone de ocho yeguas y su hechor...", entre las haciendas de don Francisco de Figueroa y Mendoza, en Caminiaga, a treinta y seis leguas de la ciudad de Córdoba. [24]

Y Dobritzhoffer, el misionero jesuita del Paraguay (1749), define a los bayos ruanos: "el bayo más o menos oscuro con crines más o menos blancas".

El profesor Ángel Cabrera, en uno de sus trabajos, el titulado *Para la historia del caballo criollo* (Buenos Aires, 1932), trae una ilustración con un bayo de cola y crinera blancas y con la siguiente anotación al pie: "Un padrillo berberisco bayo ruano que perteneció al bajá de Xauen (Marruecos) en 1923". Y sabemos todos la importancia que tuvo la raza bereber en el origen del caballo ibérico de la época de la conquista de América y del cual se formó nuestro criollo.

Al bayo ruano se le consideraba de lo más galán para pasear. De igual modo se le dice y describe en Rio Grande do Sul [25]. El campeón criollo brasileño en la Exposición de octubre de 1944, "Pampeiro 39", era un donoso padreador al que llamaban "*baio ruano*"; en los *Anais da Associacão dos Criadores de Cavalos Crioulos* (Pelotas, julio 1945) se aprecia bien el pelaje del "*Pampeiro 39, R. P. 39, Prov. 1660. Baio ruano. Nascido en 16-11-1939*": bayo amarillo en el cuerpo y netamente blancas las cerdas de las crines y cola.

24. GRENÓN, Juan P.
25. ECHENIQUE, Guilherme.

BAYO RUANO

Es el palomino de los mexicanos y del suroeste de los Estados Unidos de Norteamérica.

Bayo cabos negros. El que muestra crinera, cola y extremidades oscuras. Este vocablo lo traen aplicado a corceles ibéricos, ya en el 1655, en *Pintura de un potro*, y en 1726 en el primer Diccionario castellano. Su uso en América lo encuentro desde el primer momento y hasta nuestros días.

Bayo dorado. Al que tiene reflejos del oro. Estos raros ejemplares eran también buscados por su hermosura. Es el *baio dourado ou douradilho riograndés*.

Finalmente citaremos el *bayo rodado* o *a medallones*, o sea, aquel que muestra manchas redondas de tono más claro que el resto de la capa y regularmente distribuidas. Es el *baio rodado ou apatacado* de los gauchos de Rio Grande do Sul (de "patacón", una moneda grande que se usaba antiguamente en el Río de la Plata).

CUALIDADES ATRIBUIDAS A LOS CABALLOS DE ESTE PELO

El pelo bayo figura entre los preferidos desde antiguo en la península ibérica. En *El cantar de Roldán* se describe uno del emir africano Marganice, cuando hiere de muerte a Oliveros, uno de los jefes de Carlomagno. Y más allá se dice que el emir Baligán monta en su caballo bayo para llegar presto a Zaragoza; siendo significativo que sean los caballos de tal pelo los únicos, que se citan y montados por los jefes que actuaron en la maravillosa epopeya ibérica del siglo XI.

Dice de esta manera el hermoso romance que se refiere a la bella reina Zoraida de Granada:

BAYO RODADO Y RUANO

"Y en el palenque se lanzan
cien gallardos caballeros:
de los cien, cincuenta son
cegríes de arrogante aspecto,
jóvenes, nobles, bizarros,
en las armas asaz diestros,
que montan corceles bayos,
de los cabos todos negros:
caballos de raza árabe,
más que los aires ligeros".

El primer Diccionario de la Lengua Castellana, editado en los años 1726 al 1739, trae la siguiente copla popular:

En un bayo cabos negros
que en una andaluza yegua
engendró el viento y al padre,
con veloz planta atropella".

Análogas cualidades heredaron en América sus descendientes y así se les refiere ganadores de varias carreras que fueron célebres en la época y por apuestas de mucho valor.

El inca Garcilaso de la Vega cita el siguiente episodio acaecido en el Perú el año 1553, que demuestra la inteligencia y lealtad de uno de ellos: "En aquel trance de armas se halló un caballero de parte de Su Majestad, vecino del Cuzco, de los primeros conquistadores de aquel Imperio, que se decía Juan Julio de Ojeda; calló de su caballo, el cual viéndole caído, paró que no se meneó, aunque iba corriendo entre más de otras 300 cabalgaduras, hasta que su dueño se levantó i subió en él i escapó con la vida, por la lealtad de su caballo".

Dobritzhoffer describe los bayos ruanos existentes en el Paraguay hacia 1747 como dotados frecuentemente de gran fuerza y resistencia.

Es digno de notarse que los viajeros ingleses del 1806 al 1820 no hablan casi de otro pelo que el bayo y el gateado, con mención especial de su nobleza y bondad, y esto se comprueba también por la preferencia que le demostraron los jefes y personajes de la época.

En la *Historia de San Martín*, por Bartolomé Mitre (Buenos Aires, 1890), se refiere así la escena que precedió al combate de San Lorenzo (3 de febrero de 1813): "San Martín, al bajar precipitadamente de su observatorio, encontró al pie de la escalera a Robertson, a quien dirigió esta frase: «Ahora, en dos minutos más, estaremos sobre ellos espada en mano». Un arrogante caballo bayo de cola cortada al corvejón, militarmente enjaezado, se veía a pocos pasos, teniéndolo de la brida su asistente Gatica. Montó en él, apoyando apenas el pie en el estribo, y corrió a ponerse al frente de sus granaderos..."

Después del crimen de Barranca Yaco (1835), al huir el coronel Francisco Reinafé: "Llevan diez caballos escogidos. Entre ellos van tres caballos famosos. Un bayo regalado por el ministro Cullen al coronel durante su reciente visita a Santa Fe; un oscuro del comandante Celman y un zaino renombrado en la región, obsequio del comandante Vasconcelos. Los tres son caballos muy ligeros..." "El coronel galopa adelante en el bayo de Cullen, hasta llegar a los arrabales de la ciudad de Rosario..." (Ramón J. Cárcano).

Uno de los créditos del mariscal López era bayo y fue el que llevaba en la tragedia de Cerro-Corá, según los testigos presenciales y relatores: coronel Aveiro y alférez Ignacio Ibarra.

El general Mansilla refiere su frecuencia entre los montados por los jefes indios y la belleza del bayo del cacique Ramón. También "era un bayo, el mejor caballo de pelea, que tenía el cacique Baigorrita".

Y el doctor Estanislao S. Zeballos, en su *Viaje al país de los araucanos* (Buenos Aires, 1881), los rememora del siguiente modo: "Tengo en mi caravana dos baguales mansos. Dos bayos del coronel Levalle, tomados a los indios, y que me cedió como sus mejores caballos. No los hay mas resistentes ni más diestros en parte alguna de la tierra. Los bayos de Levalle traían a mi memoria las esplendorosas leyendas de los corceles de Arabia".

"Corren como el guanaco que fuga, entre los peñascos de los cerros, o en los médanos blandos, a través del guadal pegajoso, en medio de las espinas y hasta sobre el flanco mismo de las sierras, y jamás cede su brío a la fatiga, ni rueda su cuerpo apretando al jinete, ni dispara del lado de su amo cuando éste se apea y lo deja rienda arriba".

Las *Cuadrinhas populares* del Brasil le señalan un papel galán:

"Tenbo meu cavallo baio
Calçado das quatro patas,
Para dar um galopito
Ao palacio das mulatas".

La iconografía del Río de la Plata también nos comprueba esa predilección; en casi todas las pinturas le hallamos y ocupando un lugar distinguido. Ejemplo: en el histórico cuadro del pintor Nicanor Blanes, *Conducción de los restos del general Lavalle*, vemos a don Juan Andrés del Campo en su bayo cabos negros, en otro bayo a don Alejandro Davel, en un bayo blanco al coronel Juan E. Pedernera y sobre un bayo ruano se llevan los restos del general Lavalle envueltos en la bandera celeste y blanca.

GATEADO

SINONIMIA

ARAUCANO (pampas): *palaw*, *palao*, *palán*, *paláu*. Según el Padre Domingo Milanesio, en araucano: *palá*, *palán*, *paláu*, significan "pies de gato". Según el etimólogo araucanista don Juan Benigar, *palaw*, dice el color rojo apagado, algo más amarillo que el llamado *kum*. Ambas acepciones traen algo del gateado.
HISPANISMO DE LOS INDIOS PAMPAS: *kativarw*, *gatiyaw*.
MOCOBÍ: *coñadi*.
EN EL PARAGUAY Y URUGUAY: *gateado*. Igualmente en Rio Grande do Sul, Venezuela y México. Corrupción de los camperos del Brasil, Uruguay y Argentina: *gatiau*, *gateau*, *gateao*, *gatiao*.
EN CHILE: *bayo leonado y cebrado*.
EN NORTE AMÉRICA: *hubskin*. El *western horseman* le dice *buckskin*, u *old buck*, o *buck*.
ESPAÑOL: a principios del siglo XVII (*Pintura de un potro*, 1655) tenían el término *gateado*. Posteriormente dejó de usarse esta voz, y en cambio se le dijo: *isabelino oscuro* o *bayo leonado*, o *leoncillo con raya de mulo y cebrado*, *bayo oscuro y cebrado*, *bayo oscuro y labrado*.
FRANCÉS: *isabelle avec raie de mulet et zébrures*.
ITALIANO: *isabello a riga di mulo* o *zagarella* o *riga mulina inerociata e a zebrature*.
INGLÉS: *isabel*, *striped dun*, *fawn*. [26]
ALEMÁN: *dunkelgraugelb mit schwarzen Streifen das Rückgrat entlang* (gris oscuro amarillo con raya negra a lo largo de la espina dorsal) o *dunkelf alb o dunkengelb* (bayo oscuro, amarillo de león). [27]

"Gateado claro", en inglés: *striped dun*.
"Gateado pangaré", en inglés: *striped light bay*.
"Gateado rubio", en inglés: *red striped dun*.
"Gateado naranjado", en inglés: *chestnut striped dun*.
"Gateado overo", en araucano: *palaw ayid*.
"Gateado malacara", en araucano: *palaw wircán tol*.
"Gateado rosillo", en araucano: *palaw pilin* (de *pilí* = helar).
"Gateado barcino", en araucano: *nawell kawell* (caballo atigrado).
"Gateado barcino", en castellano: *bayo atigrado*.
"Gateado barcino", en francés: *isabelle tigré*.

26. Programa de carreras extranjeras. *Autumn meeting*. Buenos Aires, 1852.
27. SHWARZNECKER, Gustav. *Pferdezucht*. Berlín, 1902.

DEFINICIÓN

Es el bayo oscuro y acebrado. Sus cebraduras aparecen bajo la forma de una línea mediana dorso-lumbo-grupal de dos dedos de ancho y de otras circulares y de través en los miembros, desde la rodilla y garrón hasta la mitad del antebrazo y pierna.

En el gateado típico, los cabos o extremos, vale decir, las cerdas de la crin y cola, la parte distal de los remos y la punta de las orejas (hasta un tercio de su longitud) son de color oscuro. Particularidad de las orejas análoga a la que presentan los cachorros del león americano.

Referente a tales detalles de los gateados, merece citarse la opinión que trae el hipólogo don Pedro de Aguilar y como voz corriente en España hacia el año 1572: "Crines, cola, hocico y puntas de las orejas deben tener alguna parte de los dichos extremos negros, pues de no ser así nunca tendrían perfección".

No son tan raros los gateados que muestran en el medio de la frente varias líneas negruzcas, dibujando losanges concéntricas. Suelen notarse tres o cuatro losanges.

Hay también ejemplares de este pelo que, además de las cebraduras citadas, llevan una, dos y hasta tres líneas veteadas y gruesas y descendentes desde la cruz hasta la mitad de la espalda, o sea, cubriendo las maruchas, análogas a las que existen en muchas mulas; forman la llamada raya de mula cruzada. Hay otros gateados algo más raros, con cebraduras transversales sobre el cuello; suelen marcarse una en la parte media y otra en la base, o sea, en el asiento del pretal; corren desde la crinera hasta cerca del borde inferior del cuello.

Finalmente, he conocido en la Argentina dos gateados con el cuerpo completamente acebrado, o sea, que además de la dorsal, tienen marcado todo su cuerpo por líneas morenas descendentes y sus cuatro miembros labrados por completo en sentido horizontal. Nuestros paisanos les dicen gateados barcinos[28], y corresponden al "barcino" señalado por M. V. Pereyra (Buenos Aires, 1877), "pelaje amarillo oscuro, lista en el lomo, lleno de fajas transversales negras. Muy raro". Constituyen, a mi juicio, los gateados al máximo, pues son acebrados en todo su cuerpo, como el gato colorado común de nuestro país.

ACEPCIÓN HÍPICA DE GATEADO

La acepción hípica del término "gateado" es de vieja cepa española. En efecto, ya en el siglo XVII aparece con tal significado en el manuscrito *Pintura de un potro*.

Y que la llevaron a América los conquistadores lo demuestra, entre otros, Bernardo de Balbuena en *Grandeza mexicana* (págs. 37-39), quien al describir los "caballos traídos para la conquista de México, sus pelajes y sus determinadas virtudes y defectos", dice así: "el galán ceniciento gateado". En las provincias del Río de la Plata lo encuentro por primera vez en escritos del año 1722 en un documento del archivo de los Tribunales de Córdoba.

28. Barcino, del arábigo *baraxa*: manchas en la piel del caballo. *Diccionario de la Real Academia Española*. Madrid, 1925.

"TOMA EL GATEADO, QUE LLEVAS A UNA TROPILLA"

El primer Diccionario de voces castellanas, el recopilado del 1726 al 1739, no trae "gateado", y sí el "leonado", al que define: "Lo que es de color rubio oscuro, semejante al pelo del león, y leoncillo a su diminutivo". Los Diccionarios castizos posteriores y de otros idiomas tampoco traen "gateado". Hay que llegar a una época reciente para hallarlo; y es curioso: lo citan como argentinismo. De modo que para el gateado habría sucedido lo que como más adelante veremos sucedió con el ruano, picazo y otros, usados en España antes y durante la conquista; dejaron luego de usarse esos nombres en España y continuaron en sus colonias. Y así, éstas resultaron más caballistas que la madre patria. Pero aquellas palabras no son americanismos, ni argentinismos, sino de vieja alcurnia castiza.

Producidos en Sud América los caballos de ese pelo, por herencia del ibérico moruno, y luego impuestos y difundidos por la selección natural, los criollos continuaron llamándoles gateados, conforme lo aprendieron de sus padres los conquistadores ibéricos.

A partir del año 1722 se le cita con frecuencia en los dichos expedientes del Tucumán.

En junio de 1739, al hacer la lista de la hacienda de don Francisco de Figueroa y Mendoza (Caminiaga, Córdoba), se anotan dos manadas con "un padre gateado" en cada una.

En 1796 otros documentos traen "una tropilla de gateados que se compone de seis mansos y un potrillo".

En 1796, en el inventario de las "haciendas de campo" de don Bruno Sánchez, figura "una manada de un gateado y seis yeguas de vientre con tres potrillos y dos potrancas". Y siempre se enumeran las manadas con padrillos gateados con mayor frecuencia que las de otros pelos.

Igualmente lo usan en otros pagos; así, en el sainete *El amor de la estanciera* (sur de la Provincia de Buenos Aires, 1787), leemos:

"*Tengo una buena manaa*
de caballos asiados,
y ligero como un viento
un corredor gateado". [29]

Del 1800 en adelante es un término corriente en el léxico campero para significar al más criollo, al crédito, y al que con cariño vierten las rimas rioplatenses:

"*¡Y acaricio tiernamente*
tu cabecita, "gateado",
mi caballito valiente,
cual si palpase en tu frente
la gloria de tu pasado!"

Para el farrapo de Rio Grande do Sul (Brasil) es legendario:

"*Mas tu és a egua madrinha*
Da tropilha gateada dos meus sonhos".

En la República del Uruguay se le mira como algo propio de gauchesco. Así, Carlos Reyles trae en *El gaucho Florido*:

"Los troperos se acercaron a las mozas, y quitándose el gachó, les tendieron la mano, que ellas apenas rozaron con la punta de los dedos, la mirada puesta en tierra.

—Cuál le gusta más, Florido, ¿el overo o el gateau? —preguntó la más agraciada, y por eso la más atrevida de ellas.

29. ROJAS, Ricardo. *La literatura argentina. Los gauchescos*. Buenos Aires, 1917.

GATEADO BARCINO

—Primero me gusta usted, y despues el gateau.
—¿Me va a comparar con los parejeros?
—Su china y su caballo son las cosas que más quiere el gaucho".

ESTUDIO CROMÁTICO

A los caballos de este pelo les corresponden los siguientes colores: el *Ochraceous Tawny* y *Buckthorn Brown* (plancha XV) *Tawny Olive*, *Clay Color*, *Sayal Brown* (plancha XXIX), *Isabella Color* y el *Honey Yellow* (plancha XXX). Los más frecuentes son el *Tawny Olive* y el *Sayal Brown*. Estos matices los hallamos en las siguientes especies del Zoológico de Buenos Aires: *Felix Puma* (L.) (v), *Felix Tigris* (L.) (v), *Felix Leo* (L.) (v), *Lama Vicugna Mol.* (v), *Cervus Dama* (L.) (v). Los cuadros de la *Giraffa Camelopardalis* (Linn.) (p) dan el *Sayal Brown* y el *Tawny Olive*, que son los matices del gateado típico.

SUBDIVISIONES

Al estudiarlas con el Standard Ridgway hemos comprobado las numerosas variedades de matices que pueden presentar los gateados, y ello ratifica la verdad de las subdivisiones que hicieron nuestros gauchos. De éstas he podido conocer y clasificar las siguientes:

El *gateado hosco o pardo* y el *gateado claro*, según sea su tono más o menos oscuro. El riograndés le llama *gateado oscuro* o *gateado quemado*.

El *gateado pangaré* al que tiene más claros, como lavados el hocico, las axilas, la región ventral y la entrepierna. Es el *gateado gama* de los criadores antiguos; bien dicho así, por mostrar la particularidad de tinta de esta especies de cervídeos de la fauna argentina, el venado y su compañera la gama, ambos con los detalles del gateado pangaré.

El *gateado rubio* es un término usado por los camperos para significar al que da la mezcla del alazán o tostado con el gateado. Tiene las crines, la cola y distal de los remos de un tinte fuego. Su cuerpo da el *Ochraceous Tawny* (plancha XV), que es exactamente el gateado de la vicuña (p). Al gateado rubio lo trae también el léxico del "farrapo" riograndés y del "indio" uruguayo.

La Academia Española, en su Diccionario de 1925, trae equivocadamente al gateado como un argentinismo, y lo define: "Dícese del caballo o de la yegua de pelo rubio, con una línea negruzca en el filo del lomo y otras iguales de través en brazos y piernas", definición que no es exacta, ya que sólo corresponde a una minoría de los gateados: los gateados rubios.

Citaremos finalmente al *gateado barcino* o *bayo atigrado* de algunos autores españoles, que, como hemos visto, se caracteriza por tener cebraduras en todo su cuerpo, dirigidas de arriba abajo en el cuello y caja, y transversales sobre sus miembros. Constituye el *gateado acebrado* al máximo. Raro en extremo, lo he visto tan sólo en dos ejemplares.

SU VALOR RACIAL

Al tratar los pelos en general, hemos visto las razones históricas, zoológicas, filogénicas y de conformación que nos hacen considerarlo como el más "característico" de la raza criolla. Esta manta, la más típica del colonial, evolucionado en las pampas americanas, no existe, sino por excepción en las demás castas caballares del mundo.

Demostramos la existencia de tal pelo en sus antecesores los ibérico-morunos traídos a América, y luego, su generalización, gracias a fenómenos biológicos, entre otros, el mimetismo y la selección natural en el medio ambiente pampeano.

GATEADO ESTRELLA Y ACEBRADO

Vimos que se hallaban hoy día en mayoría entre los ejemplares sobresalientes de la raza, como lo demuestran los sesenta y dos campeonatos obtenidos por gateados, sobre un total de sesenta y ocho campeones, durante las Exposiciones de 1920 hasta 1953 realizadas en Buenos Aires.

CUALIDADES ATRIBUIDAS A LOS CABALLOS DE ESTE PELO

De tal modo, los actuales ejemplares de este pelo significan la herencia o atavismo de aquellos baguales incansables, lo que explicaría su guapeza proverbial.

Los refranes rioplatenses: "Gateado, antes muerto que cansado", y "Toma el gateado, que llevas una tropilla", expresan la confianza que el nativo les acordara. El juez doctor Santillán nos refería en 1922 el vigor y vida larga de que se hallan dotados, según la experiencia santiagueña. M. V. Pereyra, en los *Anales de la Sociedad Rural Argentina* del año 1877, dice así: "Se les recomienda por ser infatigables para galopar grandes distancias".

"EL GATEADO RUBIO"

Mansilla, en su *Excursión a los indios ranqueles* (1870), admira las tropillas de sobresalientes gateados que tienen reservadas para el momento de la pelea.

Zeballos, en el *Viaje al país de los araucanos* (Buenos Aires, 1881), expresa la inclinación del natural por estos animales: "Los indios de mi caravana no se pueden contener. Un bagual gateado overo, animal hermoso, los tiene alborotados". Y en *Painé* (1889) también confirma tal predilección: "Se supo por las mujeres prisioneras que el cacique Yanguelén, al descubrir la invasión, había huido en su parejero gateado". Más lejos dice: "... era el caudillo cristiano Baigorrita que avanzaba rápidamente, montado en un soberbio caballo gateado overo con arreos lujosos y chapeados de plata; al grito de vivan los indios ranqueles y mueran los traidores, penetró al semicírculo de la indiada a la furia y sujetó de improviso en el centro de ésta, quedando a sus gritos clavado y tembloroso el caballo magnífico, que un minuto antes daba resoplidos olfateando el horizonte, con la crin suelta al aire en el vértigo de la carrera".

Por su parte, los veteranos le dieron su preferencia. Justo P. Sáenz trae en *Frontera* (Buenos Aires, 1930): "El capitán Mogroviejo, al oírse nombrar, torció la cabeza sobre un hombro, sin soltar la mano del caballo que estaba desvasando. Todas las mañanas dedicaba un par de horas al cuidado y ejercitamiento de sus cuatro gateados, los mismos que en ese instante, en un rincón del corral y aislados de los "reyunos" de la guarnición, proclamaban su condición de propiedad privada con la integridad de sus movedizas orejas".

Fue el pelo de algunos caballos célebres; así, el de don Ezequiel Ramos Mejía en *Conducción de los restos del general Lavalle*, del cuadro del artista Nicanor Blanes. Según me refería monseñor Marcos de Ezcurra, era frecuente entre la caballada que del gobernador Rosas quedó en la estancia "Del Pino". Confirmado al decirme los doctores Justo P. y Tomás B. Viera: "En 1852, dos días antes de Caseros, el Restaurador revistaba las tropas en Palermo llevando su gateado de pelea, marca del chileno Saavedra, cuando picando el pingo desató las tres marías y las arrojó al pie de un poste que llevaba en alto la bandera patria, al grito de ¡Viva la Federación Argentina, y abajo el gabinete del Brasil!" [30]

GATEADO OVERO

30. Referencias de los doctores Justo P. y Tomás Viera a E. Solanet (el 11 de junio de 1923), quienes lo oyeron en su infancia, de labios del señor Ezequiel Cárdenas, testigo presencial del hecho.

Fueron numerosos los gateados guapos para correr. El 22 de abril de 1852, en el *Autumn meeting* (Carreras extranjeras) realizado en Buenos Aires, y cuyo programa se halla en la colección de don Alejo González Garaño (Buenos Aires, 1929), se encuentran anotados los siguientes fletes en la primera carrera, de dieciséis cuadras, a largarse a las doce del día:

1. "Hotspur", colorado, 140 libras de peso, chaqueta listas negras y escarlata, gorra negra.
2. "Breeswing", gateado overo, 150 libras, chaqueta púrpura, gorra naranja.
3. "Sarampión", gateado, 140 libras, chaqueta caña, gorra negra.

En 1855, el "Conejo", de Sir Woodbine Parish, cónsul general británico ganó al caballo del general Pacheco una carrera muy mentada de cuarenta cuadras. Meses después, el mismo gateado del nación ganó cortada una carrera al bayo del general Hornos, pasando mucho tiempo antes que pudieran pisarle el poncho al inglés.

Patricio Lynch Pueyrredón, en *Una carrera costilla a costilla en el Tuyú*, nos describe una escena ocurrida algunos años después, en la que también interviene sobresaliendo un animal de ese pelo. "Ellos (Benjamín y Albano Zubiaurre) cuidaban un gateado que hacía tiempo venía haciéndoles comer tierra a toditos los parejeros del pago. Se habló, se dió vueltas, se mañereó un poco y al final se concertó la carrera: cuarenta cuadras, costilla a costilla, por cinco mil pesos..." (Aconcagua, mayo 1936, Buenos Aires).

En noviembre de 1899, según el "Sud América", falleció a los veinticinco años el "Gateau de Pérez", un célebre parejero criollo porteño ganador de muchas carreras que allá por el año 1867 tenían por teatro la pulpería de Gades.

Hacia el año 1900, en los pagos del Cardal, en Ayacucho (Provincia de Buenos Aires), fue invicto en las pruebas de 500 metros arriba, hasta de veinte y treinta cuadras, un gateado de la marca corneta de Felipe Solanet. Y en 1905, este gateado, viejo ya de dieciséis años, ganaba aún carreras de cinco cuadras, después de cumplir en la siesta su diario trabajo de tirar agua del jagüel a la vista de los concurrentes a la reunión. Murió el año 1913, a los veinticuatro años, y con las "manos limpias y sanas como las de un potrillo".

Para los ejercicios ecuestres, donde tan diestro fue nuestro gauderio, las mentas lo traen sobre un gateado. Así, en "La boleada del ñandú" se dice:

"*Por la misma rastrillada*
el gateado, como sombra,
que semeja negra alfombra,
no le pierde la pisada".

(E. Pecoits)

Finalmente, agregaremos que de este pelo era el "Gato Cardal", uno de los dos créditos con que realizó Tschiffely su famoso raid hípico Buenos Aires-Nueva York (1928), donde se marcaron los records mundiales de altura, 5.900 metros, y distancia, 21.500 kilómetros, que fueron cubiertos en 104 etapas, o sea, un término medio de 42,6 kilómetros por día de marcha.

EL MÁS CARACTERÍSTICO DE LA RAZA Y AL MISMO TIEMPO DE LOS MÁS ÚTILES

La naturaleza, al uniformar los pelos de las manadas salvajes, durante una selección de siglos, para que pudieran confundirse con los colores del ambiente (las arenas, pastos mateados, pajonales, etc.), nos dio también un elemento valioso como arma de guerra, pues si esas tintas sirvieron para ocultarlo de sus enemigos naturales: el puma, el indio y los perros cimarrones, análogamente, en la guerra llamarán menos la atención de las fuerzas enemigas.

Bien expresan ese conocimiento, que ya es leyenda y tradición popular, los escritores al decir:

"*Pelo gateado, pelaje*
de paja brava reseca;
color de pampa salvaje
que no ha sufrido el ultraje
del barbijo de la reja.
Por su pelo, en la jornada
libertadora, con tino
lo ensilló la paisanada,
porque era monta esfumada
entre el polvo del camino.
¡Y pudo la montonera,
bajo la luna y el sol
maniobrar en la pradera
sin que jamás sorprendiera
su presencia el español..."

(E. PECOITS)

Y es curioso que los técnicos de la remonta del ejército argentino no admitan en la caballería este pelo, si se tiene en cuenta que para el uniforme del soldado se ha impuesto, por ser menos visible, el gateado. Bien que con otro nombre que no es criollo: el caqui.

Pero hay más aún. Durante la guerra mundial del 14, el ejército francés "simulaba el pelo gateado", por resultar menos visible al enemigo.

En efecto, el oficial del ejército francés P. Magne de la Croix informa (*Las capas y la moda*, Buenos Aires, 1930) que durante sus funciones en el frente (años 1914-1918) pudo comprobar que los suboficiales estafeteros, "*agents de liaison*", encargados de transmitir los pliegos u órdenes de un regimiento a otro, y así, los más constantemente expuestos al fuego del enemigo, usaban un caballo blanco o tordillo blanco, al que teñían con permanganato de potasio diluido, para obtener así el caqui, el color menos visible durante el día.

De modo que esta capa, característica de la raza del país, es asimismo de las mejores para el caballo del soldado. Usándola nuestra caballería aprovechará el pelaje más apropiado, el que le permitirá disimularse en el cortaderal del bajo y confundirse cuesta arriba con las arenas o el matiz leonado de los pajonales. Y bien están los cabañeros que seleccionan esta sangre y con tal manta, que bien lo merece por lo que fue y bien lo merece por lo que es: la herramienta insustituible para los rudos trabajos camperos y de guerra.

CEBRUNO

SINONIMIA

ARGENTINA: barroso (poco usado), zebruno, sebruno, cebruno.

ARAUCANO (pampa): *dümil, zümil, schümil, chümil*[31], o sea, los vocablos que sirven para designar el tostado, del cual tiene algo el cebruno. *Chimiy, chimy, chimúy*[31]. *Coipo* (nutria).

HISPANISMO DE LOS ARAUCANOS O PAMPAS: *zevrunu, varozu.*[32]

EN RIO GRANDE DO SUL (Brasil): *sebruno.*

EN CHILE: corrientemente le dicen "coipo", palabra araucana que significa "nutria".

EN MÉXICO: mohiero.

ESPAÑOL: cervuno o piel del ciervo, cebruno.

FRANCÉS: *souris.*

ITALIANO: *cervino, cervato.*

INGLÉS: *mouse coloured.*

COWBOY AMERICANO: *mouse coloured, dirty black with strong tendency to brown, slate-coloured* y *mud-coloured.*

ALEMÁN: *rotbraun* (colorado marrón).

DEFINICIÓN

Es el caballo que trae la piel y pelos más oscuros que el bayo cebruno y con un ligero matiz del tostado. Tiene poco de amarillo y naranja, mucho del oscuro y siempre algo del tostado. Generalmente sus ojos dan también el color cebruno. Muchas veces es cebrado por las rayas negruzcas transversas en los remos y la del filo del lomo.

Los *mustangs* de color cebruno se describen también marcados comúnmente por esta raya de mula, que los cowboys dicen: lomo de anguila.

Es análogo al color de la nutria y al del ciervo canadiense. (Verano de 1926, Jardín Zoológico de Buenos Aires).

31. BENIGAR, Juan.
32. BARBARÁ, Federico; OLIVERA CEZAR, Filiberto de.

CEBRUNO

ORIGEN DEL NOMBRE

Se admite generalmente que "cebruno" es una alteración cisplatina de la voz española "cervuno" (de la piel de ciervo).

Para Ángel Cabrera, jefe del departamento de Paleontología del Museo de La Plata, el cebruno es probable se haya derivado del castellano "cebra", vocablo con el cual en la Edad Media se designó en España a la cabra montés (*Capra pyrenaica*), y cuyo pelo, variable según las diferentes razas locales, "en general es un pardo claro, algo rojizo, con un parecido al del puma o león americano, pero más fuerte".

SUBDIVISIONES

Se diferencian: un *cebruno claro* y un *cebruno oscuro*, o *quemado*, según sea más o menos pardo su matiz.

Llámase "barroso" al de color parecido al fango con una nada de amarillo y naranja, o sea, corresponde al cebruno más oscuro; al pelechar muestra siempre el ligero matiz tostado.

En la Argentina, ya hacia 1633, hallamos aplicado el término "zebruno", "sebruno" y "cebruno" para el pelo del yeguarizo; en cambio, el "barroso" sólo se usaba para los novillos y otros vacunos. El primer Diccionario castellano (1726-39) define así al barroso: "Cosa perteneciente a barro, ya sea en lo material, como terreno barroso, ya sea en lo colorido, como sucede en algunos animales, en especial en los bueyes, que por eso se llaman barrosos". Bernier trae el barroso entre los pelajes hípicos (1900).

Por mi parte, he comprobado que en la Argentina, en Uruguay y Rio Grande do Sul, hoy no se aplica el término "barroso" al yeguarizo sino como excepción; lo general es oír el vocablo "cebruno".

En Venezuela el término "barroso" se usa para el vacuno y no para el yeguarizo, al decir del autor llanero Daniel Mendoza.

ESTUDIO CROMÁTICO

Da los colores *Saccardo's Umber* y *Sepia* (plancha XXIX) y *Brownish Olive* (plancha XXX), lo que nos demuestra la presencia del amarillo y del naranja y su parentesco con los bayos.

OTRAS ESPECIES CON TAL MATIZ

Esta capa la tienen en todo el cuerpo: el *Wapití* o *Cervus Canadensis* (Erxleb) (v); el *Cervus Maral* (Ogilby) (v); pocos ejemplares del *Llama Glama Huanacus* (Mol.) (v); una minoría de los *Cervus Dama* (Linn.) (v), los que no llevan pintas blancas; el *Pudú Pudú* (Molina) o ciervo de la Patagonia, que es un cebruno algo rojizo (v); el Huemul, *Hippocamelus Bisulcus* (Molina), más gris que el anterior; los ejemplares del *Guazú Pitá*, *Mazama Americana* (Erxleb) (p) que habitan en el sur de la República en Santa Cruz; el *Felix Pajero* (Azara) (p), *Felix Geoffroye* (p) (Orb. et Gerv.) gato montés, la *Gazela Arábiga* (Litch.) var. *Erlangeri*, en dorsal y lateral de su cuerpo; y el *Felix Yaguarundi* (Lacep.). Existe además un ciervo en Sud América que vive en islas del delta del Paraná, el *Cervus Paludosus*, el cual, según el naturalista doctor Dabene, da el color cebruno.

OCUPA EL EXTREMO DE LA SERIE DE LOS BAYOS

Al estudiar los bayos hemos comprobado que las diferentes especies de ciervos nos muestran capas con todas las variantes de los caballos bayos; desde el bayo blanco, y pasando por el bayo huevo de pato bayo amarillo y bayo encerado, hasta el bayo cebruno y el gateado. Y acabamos de decir aquí que otras especies de cervídeos dan asimismo el color del cebruno.

Por otra parte, la herencia nos demuestra la relación que existe entre estos colores; así un gateado: "Haragán c." que unido a una cebruna, "Centella c.", dio dos veces (años 1923 y 1924) el bayo amarillo "Capricho c." y "Antenor c.", de matiz *Crearn Buff*. Siendo frecuentes los casos como éste, en que el cebruno da bayos y viceversa.

Finalmente hemos anotado que la composición cromática de ambos es análoga; por todo lo cual podemos decir que el cebruno como pelo caballar en la Argentina ocupa el extremo de la clasificación de los bayos; el cebruno es aquel bayo cuyo amarillo naranja es tan poco, que pasa casi inadvertido entre el oscuro dominante y al que se agrega un ligero tinte tostado.

CUALIDADES ATRIBUIDAS A LOS CABALLOS DE ESTE PELO

Desde antaño se ha reconocido gran resistencia a los criollos de este pelo; era frecuente entre las caballadas ranqueles (1870), según dice el general Mansilla en la obra ya citada, y hoy aparece entre las yeguadas criollas de sangre definida.

Hablando del cebruno, dice don Roberto Cunninghame Graham (1880): "El jefe de la estación me prestó su cebruno, un pelo que en la Argentina es muy estimado, pues se le considera como un signo de buena constitución y gran resistencia..., y era muy brioso y tan seguro de patas como una mula".

LOBUNO

SINONIMIA

ARAUCANO (pampa): *mallkaw.* [33]
CORRUPCIÓN ARGENTINA (muy poco usada): loguno.
CORRUPCIÓN BRASILERA: *libuno.*
HISPANISMO DE LOS INDIOS PAMPAS: *lovunu.*
HISPANISMO DE LOS INDIOS MOSCOVÍ: *lovón.*
CENTRO Y SUD AMÉRICA, INCLUSO BRASIL: lobuno.
MÉXICO: grullo.
COWBOY AMERICANO: *mouse skin, blue.*
ESPAÑOL: lobito, lobero, o piel de lobo, pelo de rata.
FRANCÉS: *louvet.*
ITALIANO: *falbo, fulvo.*
INGLÉS: *blue dun, mouse coloured, fawn, seal.*
ALEMÁN: *Mausfarbe* (color de rata).
ESLAVO: *vukov* (del lobo).

"Lobuno claro o torcaz", en inglés: *light blue dun.*
"Lobuno pardo", en inglés: *dark blue dun.*

33. BENIGAR, Juan.

"EL LOBUNO TIENE ESPINAS EN EL LOMO"

DEFINICIÓN

Da el color que pertenece al lobo, es acebrado y cabos negros, tiene la raya de mula dorsal y a veces las descendentes: una, dos o tres a cada lado de la cruz.

W. Joest trae: parecido al de la rata. Dice el léxico del *gaúcho* de Rio Grande do Sul: "*Que ten o pélo escuro, quasi acigentado*".

Con igual significado se aplica en el resto de Sud América.

ESTUDIO CROMÁTICO

Los lobunos definidos dan el matiz *Mouse Gray*, plancha LI, de la pauta de colores Ridgway, compuesto de 85,5 de gris neutral, 4,5 de naranja y amarillo (éstos en la proporción de 80 y 20). Los gateados lobunos tienen el *Buffy Brown* (plancha XL).

El estudio microscópico de su pelaje nos lo muestra constituido por una mezcla de pelos negros con amarillentos.

SUBDIVISIONES

Según la cantidad en que entran estos pelos, se producen los dos matices conocidos en la campaña, con los nombres de *lobuno oscuro*, o *pardo* o *quemado*, al más hosco, y de *lobuno torcaz* al más claro, que muestra cierto parecido con el plumaje de esa paloma. Asimismo, al lobuno más claro o torcaz, nuestros castizos camperos llámanle *lobuno majo*, para significar así al más lindo y vistoso.

ES UNA VARIACIÓN INMEDIATA A LOS BAYOS

Hemos hablado anteriormente de algunos gateados que se convierten en lobunos, rebajando poco a poco el matiz amarillento. Estos casos fueron estudiados en Palermo; el año 1923 con "Cardo" S. B. A. 167 (primer premio) en la de 1925 con "Aparcero" S. B. A. 627, y en la de 1926 con el "Mangangá" S. B. A. 640 y "Toronja" S. B. A. 01.455, quienes justamente al cumplir los dos años (durante su estadía en la Exposición) evolucionaron de pelo gradualmente, y así, pasaron por un momento en que el público y criadores entendidos no podían distinguir si eran

LOBUNO TORCAZ

gateados o lobunos, para llegar finalmente, al terminar la Exposición, a ser lobunos definidos (Filogénesis de la raza criolla). Debemos agregar que si bien el puma, por regla general, lleva el color del gateado, algunos ejemplares, los menos (observados en septiembre de 1923 y 1924 y febrero de 1926 en el Jardín Zoológico de Buenos Aires), y tanto del sexo macho como en las hembras, en su edad juvenil como en la adulta, mostraban un pelaje intermedio entre el gateado y el lobuno, y otros adultos eran ya netamente lobunos: *Mouse Gray*.

Y finalmente citaremos al *Felix Dentrailurus* (pajero) de la República Argentina, Uruguay y Brasil, cuya manta es una mezcla entre gateado y lobuno.

Por todas estas consideraciones y por los colores que entran en su constitución, he colocado al lobuno, inmediato a los bayos, gateados y cebrunos, ya que aparece como una manta próxima a ellos.

SU FRECUENCIA

Se le cita repetidas veces en los escritos de la época colonial como un pelo de la cría del país. En un expediente de Córdoba del año 1796, se le dice "loguno". Hoy aparecen los de esta capa en los más selectos criaderos criollos. En la Patagonia, en el Establecimiento la "Pepita", del señor Mauricio Braun, existían en 1919 manadas enteras de raza criolla con esta tinta. (Precordillera de los Andes. Sudoeste del Chubut. Lago Fontana). Y de ellas seleccioné la lobuna "Ruleta Cardal" S. B. A. 0145, que fue origen de campeones.

CUALIDADES ATRIBUIDAS A LOS CABALLOS DE ESTE PELO

Es opinión bastante difundida que son infatigables, malos y desconfiados. Un refrán uruguayo advierte: "Cuidado con ellos en una mañana fría, que arriba está Dios, pero abajo está el diablo". [34]

Por mi parte, he conocido y comprobado muchos lobunos y todos guapos y dóciles. Igualmente, el estanciero y diputado nacional don Juan A. O'Farrell me refería en 1922 la resistencia y velocidad de dos lobunos criollos de su hierro, que hacia el año 1890 fueron invencibles en las carreras al trote de cuatro o cinco leguas de distancia en Pergamino, y en esa época ya competían con derivados de carrera, del trotador americano y otros mestizos ligeros. "Sin brazada larga, sólo avanzando en el aire como a saltos descontaban mucho terreno, que conservaban o aumentaban gracias a su gran guapeza".

Célebre fue el "Superior Lobuno" en que combatió durante la batalla de Tucumán el entonces teniente Lamadrid, y sabemos cómo peleaba Lamadrid: "acuchillando cañones"; y la historia refiere que después de la batalla, por orden de Balcarce, tuvo que "cederlo al general Paz para realizar, y a media rienda, numerosas comisiones fatigosas en extremo, las que pudo desempeñar el mismo día gracias a ese caballo infatigable" (Paz, José M.).

34. GRIFEC, Edmond. *Comunicación a E. Solanet*, del 15 de enero de 1925. Paysandú, República Oriental del Uruguay.

ALAZÁN

SINONIMIA

ARAUCANO (pampa) Y MOCOBÍ: *alazán*.
BRASIL: *alazão*.
COWBOY AMERICANO: *buckskin*.
ESPAÑOL: alazán.
ITALIANO: *sauro*.
FRANCÉS: *alezan*.
INGLÉS: *chestnut* (castaño), *sorrel* (alazán claro).
ALEMÁN: *Schweissfuchs* (zorro claro), *brauner Schweissfuchs* (zorro tostado).
ÁRABE: *al hasan, al hisan* (el bello, el elegante), *alazar, al hessán*.
ESLAVO: *cervenkast lisizar* (colorado del zorro).

"Alazán dorado", en inglés: *golden chestnut*, y "alazán claro": *light chestnut*.

DEFINICIÓN Y SUBDIVISIONES

Esta capa simple se halla formada por pelos de matiz rubio, o sea los que confinan con el amarillo por una parte y con el colorado por la otra; es el color del fuego. Se conocen las siguientes variedades:

Alazán claro, el fuego de un color amarillo pálido.

Alazán tostado, como el café tostado o la corteza de la castaña.

Alazán dorado, con reflejos de ese metal. *Alazão dourado* o *alazão douradilho* en Rio Grande do Sul.

Alazán ruano, al que lleva blancas las crines y la cola.

Alazán rodado, cuando trae zonas redondeadas de un tono más débil que el resto del pelaje y del tamaño de una manzana.

Esta voz, puramente arábiga, se usaba ya en España cuando la época de la conquista de América. Aquí también la hallamos, para el pelo del yeguarizo desde los primeros años coloniales.

CUALIDADES ATRIBUIDAS A LOS CABALLOS DE ESTE PELO

Don Pedro de Aguilar, en su *Tratado de la caballería de la jineta* (1572), manifiesta que los alazanes son frecuentemente coléricos, ardientes y veloces. Según Virgilio, el alazán claro era considerado por los romanos como falto de vigor y energía.

Según Daumas, el árabe extremando la fe por sus cualidades, nos dice: "Si os aseguran haber visto volar un caballo por los aires, preguntad de qué pelo era; si os contestan alazán, creedlo". "Pide que sea tostado". "El Profeta gustaba de los alazanes".

El refrán "el alazán chasquero" manifiesta la confianza que el gaucho rioplatense tiene en su guapeza.

Pero también en la raza criolla sus mentas se deben a una de sus variedades, al bien ponderado alazán tostado.

ALAZÁN

En la bibliografía del coronel don Federico de Brandsen, de Carlos J. Salas, (Buenos Aires, 1910), hállase la siguiente referencia: "El día de Ituzaingó, Brandsen montaba un caballo alazán que trajo de Chile y que murió con su dueño, destrozado por la metralla brasileña".

TOSTADO

SINONIMIA

ARAUCANO (pampa): *dümil, zümil, shümil, chümil*[35], *solü* o *kolü.*[36]
HISPANISMO DE LOS PAMPAS: *tostan.*[35]
HISPANISMO DE LOS MOCOBÍES: *dosta, dostaol.*
BRASIL: *castanho.*
ESPAÑOL: castaño[37], zorruno, alazán tostado, tostado.
ITALIANO: *sauro bruciato, bronzino.*
FRANCÉS: *alezan brulé.*
INGLÉS: *dark chestnut, liver chestnut* (castaño color hígado).
ALEMÁN: *Dunkuelfuchs* (zorro marrón).
ESLAVO: *tamno lisizar* (zorro oscuro).
En el pasado, en la Argentina también se utilizó el término castellano "Castaño", para designar al que hoy llamamos "Tostado".

DEFINICIÓN

Se dice del caballo cuya capa tiene el color del café tostado. Es el alazán de tono subido y oscuro.

El primer Diccionario castellano (de 1726-39) bien lo define al castaño: el color que semeja a la cáscara de la castaña quitada del erizo. M. Dobritzhoffer (1749) lo describe así: colorado que tira al color del pan tostado[38], y M. V. Pereyra (el año 1877): color azúcar rubia.

Tostado claro y tostado requemado. En la Argentina se distingue: un tostado claro o bronceado y un tostado requemado, el más oscuro. En la Exposición de Palermo del año 1924, un tostado requemado típico, el "Mataco 16", de Martín Pereyra Iraola, daba el color *Auburn* (plancha II) del standard de colores Ridgway.

35. BENIGAR, Juan.
36. FEVRE, Andrés.
37. AZARA, Félix de. *Viajes por la América del Sud.* Montevideo, 1850.
38. DOBRITZHOFFER, Martin. *History of the Abipons.* London, 1822.

Algunos tostados de la raza criolla, los más característicos, suelen ser acebrados, notándose la raya de mula de color negruzco, y otras iguales y de través en antebrazos y piernas. Así lo he observado entre otros animales en "Mata Cardal" S. B. A. 0152, marca sola del corazón de los indios tehuelches Liempichún, precordillera al sudoeste del Chubut donde la seleccioné en 1911 y que fue madre y abuela de campeones en Buenos Aires; era tostada, con el matiz *Auburn*, y las citadas cebraduras oscuras bien marcadas.

CUALIDADES ATRIBUIDAS A LOS CABALLOS DE ESTE PELO

Según los naturalistas, el caballo salvaje de las altiplanicies, *Equus agilis*, tenía esta tinta. Para el árabe es legendario su valor: "El caballo ha sido creado alazán tostado. El alazán tostado, cuando huye bajo el sol, se parece al viento". "El Profeta ha dicho: corriendo juntos todos los caballos de los árabes, es el alazán tostado el que les ganaría a todos". Según el hipólogo musulmán Mukbel-bey, se equivocan los autores europeos al hacer decir a los árabes que los alazanes son los primeros. Los traducen mal. Se pondera a los tostados y no a los alazanes. Es lo que dice la leyenda bien traducida que va a continuación: "Ben-Dyab, jefe renombrado del desierto, que vivía y, por el año 905 de la hégira, perseguido un día por Saad-el-Zanaty, cheik de los Oulad-Yagoub, se dio vuelta hacia su hijo y le preguntó: "¿Cuáles son los caballos del enemigo que llevan la delantera?" "Los blancos", contestó su hijo. "Está bien; dirijámonos del lado del sol y se derretirán como manteca". Algún tiempo después, Ben-Dyab dándose vuelta otra vez, le pregunto: ¿Cuáles son los caballos del enemigo que llevan la delantera?" "Los oscuros", le gritó el hijo. "Está bien; ganemos los países pedregosos y no tendremos nada que temer; esos caballos se parecen a la negra del Sudán, que no puede caminar descalza sobre los guijarros". Cambió de camino, y pronto los caballos oscuros quedaron atrás. Por tercera vez, Ben-Dyab preguntó: "Y ahora, ¿cuáles son los caballos del enemigo que llevan la delantera?" "Los tostados y los zainos negros". "En este caso, exclamó Ben-Dyab, al agua, muchachos; al agua y talón a los caballos porque éstos podrán muy bien alcanzarnos si no hubiésemos dado cebada a nuestros caballos todo el verano".

Don Pedro de Aguilar dice que "los castaños son sanguíneos, alegres, ligeros, los más templados, de más valor y de mejor y más robusta naturaleza" (Madrid, 1572). Se les consideraba de gran superioridad para las marchas: "Los castaños, todos son buenos, y mejores los de color castaño oscuro. Son muy valientes y de gran bondad".

"Un castaño puro, tres castaños oscuros y cuatro castaños claros", formaban parte de los dieciséis caballos que Hernán Cortés llevó para la conquista de México, y parecidos pelos tendrían los que importó Mendoza al Rio de la Plata, pues eran de la misma estirpe y salieron en la misma época, de zonas próximas de España y con idéntico fin.

39. *Canto VI*; su título es: "Llegan los españoles hechos pedazos a Concepción, cuentan el destrozo y pérdida de nuestra gente, y vista la poca para resistir a los indios, resuelven volver a Santiago".

ALAZÁN TOSTADO

Ercilla y Zúñiga, en el canto VI de *La Araucana*[39] (Madrid, 1569), dice así del caballo de uno de los conquistadores de Chile:

> "*Estaba en un caballo derribado*
> *de la española raza, poderoso,*
> *ancho de cuadras, espeso, bien trabado,*
> *castaño de color, presto, animoso,*
> *veloz en la carrera y alentado,*
> *de grande fuerza y de ímpetu furioso,*
> *y la furia sujeta y corregida*
> *por un débil bocado y blanda brida*"

En el Tucumán se dice de uno, en un testamento del año 1578: "El otro es castaño y se ha de dar a mi yanacona Juanillo, porque es muy bueno y manso", y en 1589: "Un caballo de camino y de guerra, castaño y zaino [40] del Paraguay".

Se cita el "castaño claro" en 1722 y un "crespo castaño" en 1796. Su sinónimo el tostado es más usual en legajos del 1800 y años posteriores.

Considero interesante reproducir lo que trae el Diccionario español de 1726: "Y de éstos (refiérese a los varios alazanes), el tostado es el mejor". El refrán gauchesco: "Alazán tostado, antes muerto que cansado", dice lo fuertes que son los caballos de este color y lo incansables para el trabajo. Lat.: *Equus fulvus prim enectus quam fatigatus.*

Por otra parte, el misionero jesuita Dobritzhoffer cita el mismo proverbio como usado (1749-1767), y el cual se ha transmitido desde el hombre español de la conquista a través de sus descendientes camperos en Paracuaría, hasta nuestros días.

Por su temperamento a veces demasiado activo se le reconviene, tanto al tostado como al gateado, de andar con espinas en el lomo cuando hace frío, vale decir, hinchando el lomo y con ganas de arrastrarse a bellaquear.

RUANO

SINONIMIA

Hispanismo de los araucanos (pampas): *rüanu*, alazán *pülag topel* (cuello esto es, crines blancas) o alazán *pülag küllden* (cola o cerda blanca). *Ruano* en Rio Grande do Sul.

En España, hacia el 1655, en el manuscrito *Pintura de un potro*, se describe así al ruano: "El alazán con la cola y crines rucias o blancas: son muy vistosos y más templados".

Pero hoy, en el español, portugués, francés, italiano, inglés, eslavo y alemán, no encontramos palabra propia para designarlo. Se le dice "alazán pelos blancos" en España, según A. Cabrera. Don Heriberto Gibson lo traduce al inglés del siguiente modo: *Chestnut with white mane and tail.*

Philip Ashton Rollins le llama "*dark california sorrel*". Según Aimé Tschiffely, en México le dicen "palomino", y en Arabia, "*hobi*".

DEFINICIÓN

"Alazán ruano" o "ruano" simplemente, significa en la campaña argentina el caballo alazán con las crines y cola blancas. Una vez más nuestros camperos demuestran la alcurnia de su idioma al conservar para el ruano la acepción castiza del 1600.

Tiene el mismo valor en Rio Grande do Sul (Brasil), el Uruguay y en México. Hay también bayos ruanos, rosillos ruanos, overos ruanos, tordillos y pangarés ruanos, que son

40. Expresión del castellano, una de cuyas acepciones quiere decir: castaño sin señal, o sea, nuestro tostado tapado.

ALAZÁN RUANO

los bayos, rosillos o pangarés con igual particularidad: crinera y cola blancas. Pero corrientemente, al decir solamente ruano, se sobrentiende referirse al alazán de cerdas claras.

En Córdoba, hacia 1729, ya se encuentra aplicado el vocablo "ruano"; se cita en Calamuchita la manada de "un potro ruano con siete yeguas de vientre"; en 1739, en Caminiaga, había "una manada de un ruano que se compone de siete yeguas", "una manada de un bayo-ruano que se compone de ocho yeguas, "un caballo bayo ruano y agililla"; en 1812, en Río Tercero, se menciona "una manada de un ruano malacara" y "un caballo rosillo ruano". [41]

En 1749, Dobritzhoffer cita a los bayos ruanos en el Paraguay, y los describe así: "El bayo más o menos oscuro, con crines más o menos blancas".

En 1822, Bartolomé Hidalgo cita al ruano como caballo de paseo; acepción gauchesca que guarda relación con la del castellano viejo: "Rua: calle de un pueblo, y ruano: lo que

41. GRENÓN, Juan P. *Hípica Histórica*, Córdoba, 1930.

pasea por las calles. Dícese especialmente del caballo de regalo, más a propósito para lucirlo en calles y paseos que para las fatigas de la guerra". [42]

"Caballos os di ruanos
y para en plaza seis yeguas,
sendas capas de contray,
con los aforros de felpa".

(*Romancero del cid*, rom. 70)

Y del castellano antiguo pasó a América con los conquistadores, donde se conservó el vocablo "ruano" con tal acepción hasta nuestros días.

En nuestra época, el alazán ruano, así como el bayo ruano, son estimados, por su adorno y distinción. El campeón criollo en el Brasil, del año 1944 "Pampeiro 38", era un hermoso *baio ruano* con esos caracteres: pelaje bayo con crines blancas. (Véase *Annais da Asociação dos Criadores*, Rio Grande do Sul, julio 1945).

En el actual Diccionario español existe la palabra "roano", "*rouan*" en el francés, "*roano*" o "*rovano*" en italiano, "*roan*" en inglés, pero ellas no significan nuestro "ruano" (nuestro alazán de crines blancas) sino las capas resultantes de una mezcla de pelos blancos y colorados en unos idiomas, y de blancos, negros y colorados o blanco, gris y bayo en otros, o sea los que aquí designamos con los nombres de rosillo, rosillo moro, tordillo sabino, tordillo zafranado, etc.

Algunas veces, la palabra inglesa roan ha sido traducida equivocadamente como ruano en la Argentina [43]. "*Roan*", en inglés, quiere decir nuestro rosillo, y no nuestro ruano.

COLORADO

SINONIMIA

ARAUCANO (pampa): *kolü, colú*. Colorado requemado: *chapí kolü* (ají colorado).
MOCOBÍ: *lectogayek*.
ESPAÑOL: colorado, zorruno.
LUSITANO: *vermelho*.
FRANCÉS: *bai*.
ITALIANO: *baio*.

42. Primer Diccionario de la Lengua Castellana. Madrid, 1726-1739.
43. ALDAO, Carlos. *Narración del viaje por la Cordillera de los Andes*. Buenos Aires, 1919, donde traduce el viaje de R. Proctor en 1823 y 1824.

COLORADO LISTA BLANCA

INGLÉS: *bay*, *red*, *red bay*, *bright bay*.
ALEMÁN: *hellrothbraun* (marrón rojo claro).
ESLAVO: *cerven*.
RIO GRANDE DO SUL: *colorado vermelho*, *colorado quemado* o *requemado*.
MÉXICO: colorado y colorado overo. [44]

"Colorado requemado", en alemán: *Fuchs* (zorro).
"Colorado requemado", en inglés: *dark bay*.

44. RINCÓN GALLARDO, Carlos.

DEFINICIÓN Y SUBDIVISIONES

Aplícase al que tiene el pelo de color más o menos rojo. Además del *colorado común*, se distingue un *colorado requemado* o *sangre de toro*, de un matiz más rojo, reforzado y vivo que el genérico y siempre con los cabos negros (crines y extremidades de los remos). Dícese *colorado malacara* al que lleva blanco en la superficie anterior de la cabeza. Y análogamente a lo que sucede al decir simplemente "ruano", que significa el "alazán ruano", también.al decir "malacara", se entiende el "colorado malacara" o el "doradillo malacara".

Criollos colorados que obtuvieron premio en las Exposiciones de Palermo, dieron los matices *Brick Red* y *Madder Brown* (plancha XIII) y *Liver Brown* y *Kaiser Brown* (plancha XIV del standard de colores de R. Ridgway).

DIFUSIÓN

Este pelo tuvo preferencia en la época de Rosas; así, en una proclama del 12 de octubre de 1835[45] que lleva la firma de numerosos hacendados de la Provincia de Buenos Aires, como don Felipe Senillosa y don Roque Sáenz Peña, en la que se invita al pueblo a los corrales del Miserere en manifestación de honor al señor don Juan Manuel de Rosas, se señalaba a los concurrentes el uso de los siguientes distintivos: "testera con plumas encarnadas..., sobrepellón y caballos colorados", análogos a los trajes que tenían los peones soldados del Restaurador, los llamados "Colorados del Monte".

Monseñor de Ezcurra alcanzó a conocer algunos caballos colorados en la estancia "Del Pino" que pertenecieron a la silla de don Juan Manuel.

A los requemados, como a los gateados, moros y tostados, es voz corriente entre nuestros paisanos decirles: "Bravos y guapos como toda la vida".

DORADILLO

SINONIMIA

ARAUCANO (pampa): *piyaw kolü* (pangaré colorado).
PORTUGUÉS: *douradilho*.
RIOGRANDENSE: *douradilho, doradillo*.
ESPAÑOL: colorado dorado.
ITALIANO: *baio dorato*.
FRANCÉS: *bai doré*.
INGLÉS: *light brown, golden brown, light bay*.
ALEMÁN: *Goldfuchs* (zorro dorado).
ESLAVO: *zeatno lisizar* (zorro dorado).

45. En poder de don Alejo González Garaño, Buenos Aires, 1922.

DORADILLO

DEFINICIÓN

"Doradillo" se llama al colorado claro, que lleva reflejos de oro. Tiene un ligero tinte de amarillo, algo así como del fuego que no resplandece. Para el gaucho de Rio Grande do Sul es el *Pêlo côr de pinhãs desmaiado*.

ESTUDIO CROMÁTICO

La pauta de colores señala para esta capa los matices *Mikado Brown* (plancha XXIX), *Cacao Brown* y *Pecan Brown* (plancha XXVIII).

DIFUSIÓN

El término "doradillo" se aplicó desde la primera época colonial en el Río de la Plata. Pelaje estimado por los berberiscos, también lo fue entre nosotros.

"Vamos, señor, al momento;
¿y usté va en su doradillo?
¡Ah, pingo! En ese potrillo
yo le jugaría al viento".

(Hilario Ascasubi: *Santos Vega*)

El preferido de la silla de Manuelita Rosas fue un doradillo que paseaba con las crines y cola largas en San Benito de Palermo, según me refería en 1924 monseñor Ezcurra; y "La heroína del Sur", señora Carmen Machado de Deheza, que actuó en la revolución del 39, acostumbraba salir en Chascomús con un caballo de ese pelo.

ZAINO

SINONIMIA

Araucano (pampa): *dürdé, shürshé, zùrzé, cercé.*
Hispanismo de los indios pampas: *zaynú, zainú.*
Corrientemente, en la Argentina se pronunciaba y se pronuncia "saino".
Al zaino negro, los araucanos y pampas le dicen "*mulatu*"; los catamarqueños, "*tuco*".
Venezuela, Brasil, Uruguay Y Paraguay: zaino.
Chilenismo: mulato, moscardón.
Español: colorado oscuro y peceño.
Francés: *bai brun* (colorado moreno), *bai, rouge brun.*
Italiano: baio.
Inglés: *brown bay, brown butter fly, dark bay.*
Alemán: *dunkelbraun ohne Flecken* (marrón oscuro sin manchas o quemado sin manchas).
Eslavo: *kestenjak* (color marrón).

"Zaino colorado", en inglés: *red bay.*
"Zaino colorado", en Norte América: *blood bay.*
"Zaino negro", en inglés: *dark bay, brown bay.*
"Zaino negro", en Norte América: *dark brown.*
"Zaino pangaré", en inglés: *mealy bay.*

DEFINICIÓN Y SUBDIVISIONES

En la República Argentina, en el Uruguay y en el Brasil se dice "zaino" al caballo cuyo pelo tiene un color intermedio entre el colorado y el oscuro.

ZAINO

Antiguamente, en España, en la época de la conquista de América, se le daba el mismo significado.[46]

Hoy, en España se llama "zaino", y en Francia "*zain*", al caballo o yegua que no lleva ningún pelo blanco, o sea, significa lo mismo que nuestro "tapado".

Citaré además otra acepción castellana vieja del 1600: "Llámase también zaino a cualquier caballería que tiene señales y da indicios de ser falsa; como es, mirar de soslayo, torciendo la vista, o tener el hocico mohino" (*Pintura de un potro*).

Zaino colorado y zaino negro: En el Río de la Plata, donde la palabra se ha aplicado desde antiguo (ya en el 1601 la encuentro en los archivos de los Tribunales de Córdoba), se distinguen dos matices: el *zaino colorado*, que es el zaino que se aproxima al colorado, y el *zaino negro*, que se acerca al oscuro. El *zaino colorado* da los colores *Hessian Brown* (plancha XIII), *Liver Brown* (plancha XIV) y *Mars Brown* (plancha XV). El *zaino negro* se acerca al tono *Anilina Black* (plancha L).

46. *Pintura de un potro*. Publicación citada (España, 1655).

Zaino pardo se dice de aquel zaino negro cuyo matiz no tiene brillo, tal como queda un caballo sudado al secarse. Es un zaino maltinto que muestra el matiz *Clove Brown* (plancha XL).

En 1827 se citan en Córdoba varios yeguarizos de color zaino pardo.

Zaino pangaré y *zaino mula* se dice del que lleva la extremidad oral, la piel vecina al párpado inferior, las axilas, el bajo pecho, vientre y babillas de color menos fuerte, como lavados, y análogos a los de la mula. Este pelo lo encuentro ya citado en 1796 en la Provincia de Tucumán (archivo de los Tribunales de Córdoba).

CUALIDADES ATRIBUIDAS A LOS CABALLOS DE ESTE PELO

Los zainos tapados, en tiempo de los romanos (Virgilio, 70 a 19 antes J. C.) eran considerados de grandes energías. Muy resistentes y sobrios, según los árabes, e igualmente celebrados por los antiguos castellanos. Zaino era el caballo de don Pedro de Mendoza, el primer fundador de Buenos Aires (1535), y que nunca el Adelantado pudo montar en tierras del Río de la Plata por haber llegado a ellas muy enfermo; "los zainos son muy valientes y para mucho", dice el manuscrito *Pintura de un potro* (España, 1655). Se les mira del mismo modo en esta parte de América, donde se acostumbra decir: "El zaino, para todo", hasta para las lides amorosas:

"*Tenho meu cavallo zaino*
Vermelho, côr de pinhas;
Fui a casa da pequena
Nem me deu un chimarrao!"

(Rio Grande do Sul)

OSCURO

SINONIMIA

Argentinismo: congo, tuco.
Vascuence usado en la Argentina: *belcha* (de *beltza*, negro).
Rio Grande do Sul: *escuro.*
Brasil: *preto.*
México: prieto.
Venezuela: negro.
Araucano (pampa): *kurü*, *curú* (negro), *cül.*
Mocobí: *laverayech.*

ESPAÑOL: obscuro, oscuro y negro, mohino, morcillo y escuro del castellano antiguo, que también se usó en el Río de la Plata.
FRANCÉS: *noir.*
ITALIANO: *nero, morello.*
INGLÉS: *black.*
COWBOY AMERICANO: *solid black, coal black, dead black, jet black.*
ALEMÁN: *Rappe, Glauzrappe* (renegrido lustroso), *dunkelbraun mehr schwarzviolett* (oscuro peceño).
ESLAVO: *tamni.*

"Oscuro renegrido", en inglés: *jet black.*

DEFINICIÓN

Se aplica al caballo cuya capa es negra o casi llega a serlo.

SUBDIVISIONES

Oscuro común y *oscuro renegrido.* En nuestro país se conocen dos variedades bien definidas: 1ª, el oscuro común, de color negro sin reflejos, es el negro del cuervo, y 2ª, el oscuro renegrido, como el de la golondrina, y al que también se le llama oscuro azabache por el color y brillo parecidos al mineral de este nombre.

Bernier y Joest traen además el *oscuro peceño*: un negro mal teñido un marrón oscuro, el que a mi juicio es el zaino negro, como hoy se dice corrientemente entre la gente del campo.

EL MORCILLO, EL HITO Y EL MOHINO

Desde los primeros años coloniales se aplicaron las denominaciones: "oscuro", "escuro", "mohino" y "morcillo". "Una manada de un Morcillo Agililla que se compone de doce yeguas redomonas".[47]

El término "morcillo" cayó en desuso hacia la Independencia. El corriente en adelante fue el "oscuro".

"*Yo me le senté al del pampa.*
Era un oscuro tapao.
....
Y era un pingo como galgo,
Que sabía correr boliao".

47. Archivo de los Tribunales de Córdoba. Estancia de don Francisco de Figueroa y Mendoza. Lista de su hacienda en junio 1739. GRENÓN, Juan P. Colección Solanet. Córdoba, 1930.

Se refiere al caballo con el que Martín Fierro huyó de las tolderías (*Poemas de Hernández*, 1872 y 1894).

Hoy día, en España, aun se usa decirle "morcillo" al oscuro parecido al color de la mora silvestre (*Morus nigra*) madura. Suelen estos caballos tener alguna marca blanca en la cara; al que no la tiene se le llama "hito". "Mohino" se le dice al negro opaco, sin lustre, con las narices y los párpados perfectamente negros, sin los matices amarillentos que estas partes ofrecen en muchos caballos oscuros.[48]

EL BELCHA, EL CONGO Y EL TUCO

Así como al blanco se le llama "palomo", del mismo modo al oscuro, nuestros camperos suelen apodarlo "belcha", "congo" y también "tuco". El primer nombre es un derivado de la palabra vasca "*beltza*" (negro), y se oye con frecuencia en la campaña de las provincias del litoral, donde está muy difundida esa colonia pastoril.

OSCURO TAPADO

48. CABRERA, Ángel.

El adjetivo "congo" se usa actualmente para significar el caballo oscuro, y es fácil comprender por qué lo fue desde antiguo. Ya en 1608 figura en el inventario de bienes de José Ramírez; en la memoria de sus caballos se citan, entre otros, "el pampilla, el tordillo, el congo", etc., y es lógico que al decir "congo", se referían al oscuro, pues en aquellos tiempos abundaban los negros esclavos introducidos desde esa región africana. Y abundaron tanto, que doscientos años después, en la época de Rosas, aun constituían tribus importantes; refiere Vicente F. López: "Los negros formaron las agrupaciones de los suyos, colocándose en grupos. Allí formaron un conjunto de colonias libres con el nombre de Tambos, circunvalando la ciudad. Rosas se hizo asistente asiduo de los Tambos. Se sentaba con aire solemne y serio al lado del rey del Tambo Congo". Y es posible que en esta época de auge del gaucho bonaerense se reafirmara el uso del vocablo congo, para significar el animal oscuro.

"Tuco" se le dice al caballo oscuro en las provincias del norte de la Argentina, por ser análogo al color del tuco, animal que abunda en esas regiones.

POCO FRECUENTES LOS PELOS OSCUROS EN EL LITORAL

El misionero jesuita Martín Dobritzhoffer (1749-1767) refiere la poca frecuencia del caballo oscuro en el Paraguay, lo que concuerda con otras observaciones que he referido en "Generalidades", sobre el predominio de las capas claras en el litoral y de las oscuras en las áridas zonas del sur y oeste argentinos.

EL COLOR DE GALA

De los dieciséis caballos llevados por Cortés para la conquista de Nueva España (México), "uno de los mejores fue el oscuro llamado el Arriero, que lo acompañó en toda la guerra de México, hasta rendir el último aliento sobre el campo de batalla" (E. Wernicke).

Antes de transcurridos cien años desde la fundación de Buenos Aires por Mendoza, ya abundaban los caballos, hasta ser dañosos para las huertas y chacras, según refieren las crónicas de la época. Y entre los que se elegían preferentemente para fiestas se hallaba en primer lugar el oscuro, por ser más vistoso para enjaezarlo y por lo mucho que resalta la blanca plata de los aperos de lujo sobre el pelo negro: "En 1617 se recibió en Buenos Aires con grandes honores a su primer gobernador, don Diego de Góngora, gentil caballero de gallarda presencia... Para su entrada, le obsequió el vecindario con un caballo morcillo, con la silla de caballería bien obrada y bien aderezada"[49]. "Sobre un caballo morcillo paseaba, tremolando su estandarte, el alférez real ante el pueblo, con gran respeto destocado".

Hoy, a los tres siglos, el gaucho argentino mantiene esa afición y lo ensilla para mayor lucimiento de su chapeado. También se le estima entre los chilenos para sus caballos de paseo. Fue conocido en Buenos Aires, hacia 1890, y paseando casi diariamente las calles centrales,

49. Acuerdos del extinguido Cabildo de Buenos Aires, 1617.

el "domador chileno" que lucía caballos de tal capa con aperos tachonados en plata. Según Garmendia: "El Coronel Miguel Martínez de Hoz, soberbio jinete, sobre un corcel chileno, negro como la noche, parecía un caballero de la edad heroica en medio de las armaduras".

Manuelita Rosas, alta y delgada, la más elegante amazona de aquella época, tenía entre sus caballos uno oscuro como de raso, para cuando se vestía de gala.

Al decir de los árabes, el oscuro bueno es renegrido, como una noche sin luna y sin estrellas. Y según el gaucho rioplatense, el oscuro con la estrella grande en la frente es de buen augurio para su dueño.

TORDILLO

SINONIMIA

ARAUCANO (pampa): *karü, kashü, kazü, kadü, cascú.*
MOCOBÍ: *le-ctolayek, leccoleliá.*
RIOGRANDENSE: *tordilho.*
VENEZUELA: rucio.
COWBOY AMERICANO: *gray.*
ESPAÑOL: tordo, rucio, tordillo.
FRANCÉS: *gris.*
ITALIANO: *grigio.*
INGLÉS: *gray, grey.*
ALEMÁN: *Schimmel.*
ESLAVO: *saren* (ceniza).

DEFINICIÓN

El tordillo es un canoso, o sea el formado por la mezcla de pelos blancos y negros. Generalmente tiene los ojos negros.

De antiguo se usó en España el término "rucio". En *Pintura de un potro* (recopilación de libros de la jineta anteriores al 1655) se dice así: "En los rucios, los ojos han de ser con las pestañas negras".

El primer Diccionario de la Lengua Castellana (1726-39) trae las siguientes definiciones interesantes, porque permiten comprobar que las sinonimias del castellano de entonces fueron las mismas del Río de la Plata y Tucumán.

"Rucio: lo que tiene o es de color pardo claro, blanquecino o canoso. Aplícase a las bestias caballares". Más lejos dice: "Rucio: el caballo de color pardo claro, que comúnmente se llama tordo". "Tordo: pintado de colores blanco y negro, que es el color del tordo, de donde se tomó. Aplícase a los caballos que tienen la piel mezclada de estos colores. Latín:

turdo con color". "Tordo: ave que se distingue principalmente por tener el plumaje de fondo blanco sucio, salpicado de manchas pequeñas más o menos negras".

En Sud América encuentro citado por primera vez, en 1578, a un rucio de don Damián Osorio; luego, en 1579, "a un caballo rusio", y más tarde, frecuentemente, "al tordo y al tordillo".[50, 51]

SUBDIVISIONES

Tordillo blanco y *tordillo negro*. Si en la mezcla entran más pelos blancos que negros, se dice "tordillo blanco". En araucano, "*pülag kadü*"; en inglés, "*white grey*". En Venezuela, el llanero le dice "rucio palomo".

Si domina el negro: *tordillo negro*, el *kurü kudü*, negro tordillo de los pampas; el *Grauschimmel*, tordillo gris de los alemanes; *gris foncé* de los galos; el *dark grey* o *iron grey* y el *dapple grey* de los ingleses. Generalmente, al nacer los tordos son negros y aumentan el número de canas al avanzar su edad, hasta llegar a ser tordos blancos. En España, hoy se dice "tordillo" al más oscuro con más cantidad de negro y tordo al que lleva más blanco (Cabrera).

Tordo plateado se dice al que muestra el pelo vivo y luciente del color de la plata. Esta dicción ya se usaba en la época colonial. Corresponde al tordo plateado español, al *gris argenté* de los franceses, al *silver grey* de los ingleses y al *Silber-schimmel* de los germanos. El general Castelli, vencido en Chascomús, "monta un soberbio tordo plateado de los Montes Grandes, en su huida hacia el Tuyú".

Tordillo rodado, a medallones, empedrado o *manzanado*, cuando sobre su capa aparecen círculos del tamaño de una ciruela o una manzana y de tono más claro que el fondo. Es el *tordillo apatacado* del gaucho riograndense. El *gris pommelé*, el *stippled grey* y el *Apfelchimmel* de los idiomas europeos. No es un detalle frecuente entre los criollos.

Tordo overo es aquel que lleva remiendos blancos sobre el fondo tordillo. Heriberto Gibson le dice *grey and white*.

Tordo mosqueado al que se halla sembrado de pintas negras. O sea, además de la mezcla de pelos negros y blancos que forman el fondo, lleva distribuidas manchitas negras del tamaño de una mosca; es el *gris moucheté* de los franceses, el *flea-bitten grey* de los ingleses y el *rucio mosqueado* de España, Venezuela, Chile y otros países latinoamericanos. Se diferencia del blanco mosqueado por que en éste el fondo lo forman sólo pelos blancos.

50. GRENÓN, Juan P.
51. *El amor de la estanciera*. Buenos Aires, 1787.

Tordo sabino; cuando el fondo es tordo blanco y el color de las manchitas es rosado se denomina "tordo sabino". Del mismo modo se diferencia con el blanco sabino en el cual el fondo sólo tiene blanco. Corresponde al *Pfirsichfarben* (colores del durazno) que da W. Joest como traducción al alemán y al *red speckled grey* del idioma inglés. En España, según A. Cabrera, se le dice *tordo atruchado*, o *avutardado*, y en cambio, el término "sabino" significa nuestro "rosillo".

Tordilho sabino se usa en Río Grande do Sul y con la misma acepción.

En la provincia de Corrientes le dicen *mandubí* (maní).

Así como el tordillo negro se convierte frecuentemente en tordo blanco, este también, al avanzar en edad, suele volverse tordillo sabino.

En los manuscritos existentes en los Tribunales de Córdoba se refiere una manada de yeguarizos del padrillo sabino de propiedad de don Diego Álvarez en el año 1668. En la época de auge gauchesco (1820-1880) fue de los pelos de adorno más estimados. Según Azara (año 1800), se les consideraba muy nadadores. Y hoy día, los ribereños dicen: "Tordillo sabino como bote".

Tordillo zafranado es aquél sobre cuyo fondo (mezcla de pelos blancos y negros) se marcan retazos de forma y tamaños irregulares y del color de esa especia. En español: *tordillo azafranado*. El riograndese le dice "*tordilho vinagre*". En el resto del Brasil le llaman "*tordilho açafroado*", según Lima Correa. El inglés le dice "*spotted grey*".

Tordo rucio se usaba en el Río de la Plata, y aun se aplica en España, para significar el tordo en que el negro está sustituido por el pardo, de modo que el color ofrece cierta semejanza con el del asno.

Finalmente citaremos el término *tordo apizarrado*, que es el tordillo con visos azulados, vale decir nuestro moro, y que es usado en España.

ALGUNOS TORDILLOS EN LA HISTORIA. SU DIFUSIÓN

El tordillo no recuerda haberlo visto monseñor de Ezcurra entre los caballos que dejó en "Del Pino" el Restaurador. Es uno de los pelos criollos de color claro que observé con relativa frecuencia en Entre Ríos y Corrientes (1920-1925).

El tordillo "Sauce" fue la monta preferida del general Urquiza en sus campañas militares. Vivió muchos años después de la muerte de su dueño y cuidado como una reliquia. Refiere David Peña que era como un miembro de la familia; viejo, inofensivo, con achaques, paseábase por todos los lugares del palacio de San José; y aun entraba a las habitaciones, sin que nadie se atreviera a echarlo; era un resto glorioso de combates y batallas: todo un compañero del capitán general.

Don Martiniano Leguizamón me decía (en mayo de 1924) que ese caballo fue el que sirvió al pintor Blanes para hacer el óleo, apuñaleado en el palacio de su estancia San José cuando lo fuera también el General. Es el que aparece sirviéndole de monta en las litografías corrientes. Igualmente de este pelo era el de Oribe cuando al frente de las fuerzas federales dominó toda la República al soberbio poder de Rosas.

Es poco frecuente entre los criollos del centro, del sur y del oeste de la Argentina.

CUALIDADES ATRIBUIDAS A LOS CABALLOS DE ESTE PELO

Según don Pedro de Aguilar (1572), a los tordillos o rucios, rodados y quemados (negros o moros), se les consideraba más fuertes y de más valor en España. *Pintura de un potro*, del recopilador de libros de la jineta en España hacia el 1655, trae: "Los ruzios son más valientes y de bondad"; en cambio, al tordillo claro lo da como "de mala boca y vaso tierno". En el litoral argentino se usa decir: "El tordillo es nadador", y en Buenos Aires, que "atrae las centellas".

MORO

SINONIMIA

Araucano (pampa): *karü, kaschü, kazú, kadú, cascú.*
Americanismo de los pampas: *morú.*
Mocobí: *navelcaik.*
Brasil: *mouro, moiro.*
Rio Grande do Sul: *mouro.*
México: moro.
Venezuela: moro, rucio moro.
Español: ruzio azul, en 1655. Posteriormente: rucio, tordo y tordillo negro o quemado, tordo y tordillo apizarrado, tordillo azul.
Galicia: *pedrés.*
Lusitano: *pedréz.*
Italiano: *grigio ferro.*
Francés: *gris de fer, gris ardoisé.*
Inglés: *blue roan, blue grey, iron grey.*
Alemán: *Eisengrau* (gris hierro o acero).
Eslavo: *zeliezno plavo* (hierro azulado).

DEFINICIÓN

Esta capa, frecuente entre los guapos de la raza criolla, se halla formada por la mezcla de pelos blancos con muchos pelos negros y produciendo un matiz azulado. Se diferencia del tordillo negro en que éste no da el citado reflejo. Como bien dice Cabrera (comunicación citada), es un tordillo apizarrado.

ORIGEN Y USO DEL TÉRMINO "MORO"

La palabra "moro", significando una variedad de la capa tordilla, no la encuentro en los autores ni en los idiomas europeos.

Virgilio (70 al 12 antes de J.C.) cita los tordillos negros. Don Pedro de Aguilar estudia en España hacia 1572 sólo el rucio o tordillo quemado. El castellano recopilado entre 1726 y 1739 trae en moro: "para el natural de Mauritania, por el que sigue la secta de Mahoma, y en estilo familiar, el vino puro, el que no ha sido bautizado con el agua". Nada que se refiera a las capas de los caballos.

Igualmente, al consultar otros autores españoles, antiguos y modernos, compruebo que no registran para el moro la acepción del pelaje caballar. Tal vez se le decía "rucio oscuro o quemado" y "tordo" o "tordillo apizarrado", o también pudo no ser registrado el moro en la literatura, a pesar de usarse entre los caballistas.

En cambio, en el virreinato del Río de la Plata encuentro ya en 1668 la palabra "moro", y en 1669 la de "morito", aplicadas al caballo. En 1754 se realizó una célebre carrera entre un morcillo (oscuro) y un moro; del mismo año se guardan memorias de otra entre el "bayo silvestre" (puede que le llamaran así por haberse tomado de manadas alzadas) y un moro, por 522 pesos, y que a propuesta del dueño del moro debió correrse sobre un tiro de una legua y tres cuadras[52]. También figura en *El amor de la estanciera*, Buenos Aires, 1787[53]. En el texto *La equitación mexicana*, del marqués de Guadalupe, se da al moro el significado que aquí damos a este pelo criollo.

El *Diccionario de la Academia Española*, en su edición de 1925, trae, sí, una acepción hípica para el moro: "caballo de pelo negro con una estrella o mancha blanca en la frente y calzado de una o de dos extremidades", o sea, significando nuestro picazo y no nuestro moro.

ESTUDIO CROMÁTICO

Todos los moros estudiados me han demostrado hallarse constituidos por un fondo gris más o menos oscuro, pero siempre con un matiz azulado y producido por la mezcla de los pelos negros y blancos. Corresponde a los siguientes colores del standard Ridgway: *Gray* (*Dark Gull Gray*) (plancha LIII), con reflejos azulados del *Plumbeous* (plancha LII), *Gray* (*Deep Gull Gray*) (plancha LIII), *Cinereous* (plancha LII), *Light Violet Plumbeous* (plancha XLIX), *Light Payne's Gray* (plancha XLIX) y del *Endive Blue* (plancha XLIII).

MORO CLARO, MORO OSCURO, ROSILLO MORO Y TORDILLO MORO

Se distinguen dos matices: el *moro claro*, que es el gris azulado del hierro dulce recién roto y el *moro oscuro*, que es el gris azulado del acero o la pizarra.

52. GRENÓN, Juan P.: Publicación citada. Córdoba, 1923 y 1924.
53. ROJAS, Ricardo: *La literatura argentina, Los gauchescos*. Buenos Aires, 1917.

"EL MORO, DE ACERO"

También existen varias combinaciones del moro con otros pelos; así, el *rosillo moro*, en el que, además de los negros y blancos que entran en la mezcla que da el moro, hay un cierto número de pelos colorados que le agregan un tinte rosillo en todo o en alguna parte del cuerpo.

El *tordillo moro* se cita ya en 1729 en la Provincia de Córdoba, y hoy también suelen encontrarse reunidos en el mismo animal esos pelos, ocupando diversas regiones.

El moro al nacer y de pocos meses, es generalmente muy oscuro; se aclara con la edad. Al pelechar y en verano es más azulado.

Puede tener numerosas particularidades, tales como las que muestra el *moro overo* (vale decir, el azulejo overo), el *moro malacara*, el *moro rabicano*, el *moro entrepelado*, etc., y que trataremos más adelante.

CUALIDADES ATRIBUIDAS A LOS CABALLOS DE ESTE PELO

Hemos visto que este pelo probablemente es el tordillo negro de los romanos, cuyo valor cantara Virgilio.

Igualmente deben ser nuestros moros los rucios o tordillos quemados que en España, hacia 1572, se consideraban propios de caballos muy fuertes.

Estos antiguos juicios corresponden con los de nuestros camperos: "El moro es de acero".

Los estilos populares del Plata refieren sus proezas:

"*Yo llevé un moro de número,*
¡Sobresaliente el matucho!
Con él gané en Ayacucho
Más plata que agua bendita". [54]

"¿Qué le parece este moro viejito, no será muy maula... pa disparar?..." "Ya lo había filiao; ligero como venao se me hace, y con viento en los caracuses", y añadió sonriendo: "¿Ande ha visto animal de esa laya que no sea superiorazo?" [55]

Y si para el árabe, "lo mejor que hay en el mundo es una mujer inteligente y una yegua fecunda", en el gaucho es mayor aún su aprecio por el moro:

"*Indio, volveme mi moro;*
Yo te daré mi querida,
Que es mucho mejor que el oro". [56]

"Sabe, ingrata, que el amigo que más quise fue mi moro, en paz y en guerra, mi alivio". [57]

En la historia argentina figura honrosamente su nombre: "El moro piafante de la silla del general del ejército libertador, don Justo José de Urquiza, cuando de poncho blanco y con la lanza pronta para cargar, al pie del ombú de Monte Caseros, dirigió la batalla (3 de febrero de 1852) en la que fué vencida la dictadura" [58]. Este moro del general, con el que boleaba una garza en el salto, según la leyenda entrerriana, fue el mismo que dos meses después de Caseros corrió en Buenos Aires contra un célebre parejero porteño, "el manchado" de Grigera. [59]

Finalmente citaremos al de Facundo Quiroga, que le sirviera como caballo de guerra durante las campañas realizadas de un extremo a otro de la República: "Era creencia popular

54. HERNÁNDEZ, José. *El gaucho Martín Fierro*. Buenos Aires, 1872.
55. LEGIZAMÓN, Martiniano. *Montaraz*. Buenos Aires, 1914.
56. GUTIÉRREZ, Juan María. *Endecha del gaucho*.
57. FERNÁNDEZ, Francisco F. *El Tata Dios Solané*, Instituto de Literatura Argentina, Buenos Aires, 1926.
58. "Una visita al solar de Monte Caseros", por Martiniano Leguizamón. *La Nación*, 11 de noviembre de 1923. Buenos Aires.
59. *El Progreso*, diario gubernativo: "Carrera notable". Buenos Aires, 23 de abril de 1852.

que su célebre caballo moro le revelaba las cosas más ocultas". "Su caballo moro, que es brujo y se entiende con su amo, agorándole las suertes de la guerra".

"Como los emperadores y guerreros antiguos, Facundo identifica su celebridad con la del caballo que usa. Su moro es veloz como el corcel de Philotas, inteligente como el de César, sagrado como el de Calígula. Si Ricardo III halla el moro de Facundo, por dos veces da su reino. Porque López se lo apropia, resuelve separarse y cortar su amistad para siempre con el caudillo autonomista. En la detención del caballo de Facundo comienza a vislumbrarse su tragedia en Barranca-Yaco". [60]

Durante la conquista del desierto por el general Roca, fue muy mentada la hazaña del moro de Pedro Luro, con el cual, corriendo veintiuna leguas, llegó al Fortín Bahía Blanca disparando de los indios y a tiempo para salvar la vida a sus dos compañeros. También en Rio Grande do Sul le atribuyen grandes condiciones: "*O meu mouro rabicano, agarrador de avestruzes*" (*Piá do Sul, Gaúchadas e Gaúchismos*).

En nuestros días este pelaje lo tienen también muchos ejemplares sobresalientes para los trabajos ganaderos. Es un decir general que los moros son mansos y de "lengua pelá" para los trabajos de rodeo. Con uno de ese pelo, el "Huemul Cardal", yo destetaba el terneraje de año, a campo, desfrenado y sin bocado ni bozal: el freno sostenido por la cabezada quedaba colgando delante del pescuezo. Su vaquía extraordinaria permitía que corriera en yunta y apareado a otro jinete apartara los terneros de las madres, guiado sólo por su instinto vaquero y por los movimientos de mi cuerpo. Esta maestría fue vista y admirada por el profesor y criador brasileño Ingeniero Guilherme Echenique, presidente de la *Asociação dos Criadores de Crioulos de Rio Grande do Sul*, y por otros cabañeros sudamericanos que visitaron "El Cardal" entre los años 1925 y 1940 –"Huemul Cardal", S. B. A. 49, nacido en 1918 y muerto en 1947, fue padre de la campeona de 1924 en Buenos Aires, "Vainilla Cardal".

EL MIMETISMO EN LA GUERRA MUNDIAL

El moro trae el matiz del *blue horizont* usado por el ejército francés en la última guerra; así como el gateado, el lobuno, el rosillo y otras mantas de criollos, constituyen pelajes ventajosos para usos militares. Los aeroplanos gálicos lo adoptaron para realizar el mejor *camouflage* al confundirse con el azul del cielo en 1914. Y los *agents de liaison* destacados en el frente, simulaban el azul horizonte casi invisibles en las brumas de la mañana o del anochecer. Al efecto, esos oficiales preferían para su delicado oficio, en tales horas, el tordillo blanco, al que teñían con azul de ultramar y alumbre, agregando a veces una nada de negro. O sea, imitaban el pelaje que nuestra raza presenta en sus resistentes moros de acero.

60. PEÑA, David. *Juan Facundo Quiroga*. Buenos Aires, 1906.

ROSILLO

SINONIMIA

Araucano (pampa): *pilín* (de *pilí*: helar).
Mocobí: *e-ctolaik*.
Brasil: *rosilho*.
México y Venezuela: rosillo.
Español: rosillo, roano, sabino.
Portugués: *pedréz*, *rosilho*, *rusilho*.
Italiano: *ubero*, *roano* y *rovano*.
Francés: *rouan*, *aubère ou aubert*.
Inglés: *roan*, *strawberry roan*.
Cowboy americano: *strawberry roan*.

ROSILLO

ALEMÁN: *Rothschimmel* (tordillo colorado).
ESLAVO: *ruzicasti* (colorado suave).

"Rosillo blanco", en inglés: *light roan.*
"Rosillo colorado", en inglés: *red roan.*
"Rosillo rubio", en inglés: *chestnut roan.*
"Rosillo moro", en inglés: *blue roan.*
"Rosillo gateado", en inglés: *striped roan.*

El Diccionario español recopilado de 1726 a 1739 no trae esta palabra. Sin embargo, entre los expedientes leídos en el archivo de los Tribunales de Córdoba, antes y después de aquel año, lo vemos figurar con frecuencia; en 1578 se comentan las cualidades de un caballo rosillo de don Damián Osorio; también hallamos el gateado rosillo, el rosillo ruano y el bayo rosillo. En *El amor de la estanciera* (Buenos Aires, 1787) se cita un rosillo muy veloz.

DEFINICIÓN Y SUBDIVISIONES

El rosillo resulta de la mezcla uniforme de pelos blancos y colorados. Se diferencia del blanco sabino en que los pelos colorados del sabino no se hallan mezclados con los blancos, como en el rosillo, sino dispuestos en pintas regulares, con la forma y tamaño aproximado al grano de maní. Se dice *rosillo blanco* o *rosillo colorado* según domine uno u otro color. *Rosillo rubio* al que en vez de colorado lleva pelos alazanes, con sus cabos de color rubio. Y *rosillo ruano* al que lleva las cerdas blancas.

El mismo rosillo puede tener en la totalidad de su cuerpo, entremezclados a los pelos blancos y colorados, un número de pelos negros que le dan un tono azulado; se le llama *rosillo moro.* Otras veces la zona morada ocupa una sola región del cuerpo del animal rosillo; así, el *rosillo mano mora*, el *cabeza mora*, *anca mora*, etc.

Algunos raros ejemplares rosillos tienen el fondo y las cebraduras del gateado; se les dice *gateado-rosillos.*

El Padre Grenón, en sus *Estudios filológicos* (Córdoba, 1923), cita del año 1578 (del archivo de los Tribunales en la ciudad de Córdoba) "un caballo rosillo de la casta de Rodrigo Fernández, labrado de todos cuatro pies...", y "la manada de un gateado rosillo". Asimismo, en el número 5 de su *Hípica histórica* trae un padrillo *bayo-rosillo*, combinación de colores que se encuentra también hoy día entre los criollos puros. Finalmente citaremos el *rosillo overo* o *rosilho oveiro* de los criadores riograndenses, cuando entran manchas blancas.

DIFUSIÓN

Esta capa, citada desde antiguo, la refiere el historiador Paz en "un mansísimo rosillo de paso" que sirvió de monta al general Belgrano en la batalla de Tucumán.

"Pertenecían estos últimos a la gente del capitán Silva, que al frente destacaba su figura de esbelto campero, montado en un brioso rosillo gateado, de lomo corto y el ojo atisbador... El caballo atraía desde luego la atención por esa fina y esbelta estampa del antiguo caballo criollo, que conservó, sin degenerar, la fogosa sangre del potro jerezano que trajeron los conquistadores" (*Montaraz*, de Martiniano Leguizamón. Buenos Aires, 1914).

El rosillo, que al bien decir del araucano: *pilín* (helar), recuerda al animal después de una helada, es, así como otros pelajes criollos de variados matices, la realización natural del *camouflage*, ese mimetismo tan buscado en la guerra moderna para escapar a la vista del enemigo, "haciéndose perdiz", como dicen nuestros camperos.

OVERO

SINONIMIA

Araucano (pampa): *ayid, ayish, airs.*
Río de la Plata (época colonial): pío, overo, hobero.
Kaingangüé (alto paraná): *redan.*
Toba: *ishagath, litiagath* y *chirtraik.*
En Chile: overo.
En México: pinto.
El llanero de Venezuela les dice: joveros.
Riograndense: *oveiro.*
Cowboy americano: *pinto* o *paint horse, calico horse* o *circus horse.*
Español: pío, pinto.
Italiano: *pezzato.*
Francés: *pie.*
Inglés: *mixed colours, piebald, odd-coloured horse, mottled, pied, skewbald, skewball.* [61]
Alemán: *Schecke.*
Eslavo: *razno bojan* (diversos colores).

DEFINICIÓN

En Sud América se dice "overo" al caballo de cualquier pelo, remendado con blanco. Corresponde al "pinto" usado en México: manchas blancas sobre otro color. Como hemos visto, nuestro overo es el "pío" español.

61. *Programa de carreras extranjeras.* Buenos Aires 1852.

El overo ibérico tuvo y tiene otros significados; el primer Diccionario español (1726-1739) trae: "Overo, adj.: lo que es de color huevo. Aplícase regularmente al caballo. Latín: Luteus color. Overo se llama jocosamente a los ojos que son del todo blancos y que parecen no tienen niña, por la semejanza que tienen con lo blanco y la hechura del huevo".

Espejo y del Rosal describe así al overo: "Capa compuesta de pelos blancos y rojos en proporciones variables, con las crines igualmente mezcladas de rojo y blanco; se llama también flor de melocotón. Al overo claro, cuya mezcla de pelos blancos y rojos forma como florecillas aisladas y distintas, se le da el nombre de flor de romero". Y del mismo modo, algunos Diccionarios españoles modernos: "Aplícase a los animales de color parecido al del melocotón".

En las escrituras de la época colonial consultadas en los Tribunales de Córdoba se citan varios overos: la oscura overa, el overito, el overillo, el overo galán, el azulejo overo, la yegua overa rosada (años 1578 y posteriores). En 1784 se dice de un overo porcelano en una estancia de Córdoba.

El naturalista Azara, hacia el 1800, habla del "hobero u overo", caracterizados por tener los ojos de color del huevo (ojos claros o zarcos).

Parecería que en América el "overo", significando al "pío", empezó a emplearse para aquellos píos de ojos claros (zarcos), por lo de "ojo overo" (ojo como el blanco y hechura del huevo), generalizándose después el término "overo" para todos los píos, fueran o no zarcos.

DIFUSIÓN

Durante la conquista de la tierra al indio, se le cita como frecuente; así lo era, según Mansilla, entre los indios ranqueles; el capitán F. B. Head nos dice que en las pampas, de Buenos Aires a Mendoza, "hay caballos de todos colores y numerosos overos" (London, 1826), y es sabida la preferencia que el paisano sudamericano tuvo siempre por esa manta.

También el pielroja era aficionado a estos colores llamativos; y el *western* americano lo refiere como frecuente en las manadas criollas (los *mustang*) que tuvieron en el pasado.

Hoy día aparecen entre los criollos de sangre pura, inscriptos o no en los libros genealógicos de la Sociedad Rural Argentina, y justamente en las manadas de las cuales salen los ejemplares característicos y premiados en las Exposiciones de Buenos Aires. Según los hipólogos que observaron la guerra mundial de 1914, el overo constituye un *camouflage* casi idéntico al que recibían los cañones (*Magne de la Croix*).

SUBDIVISIONES

Estudiaremos a continuación los siguientes overos:

Overo negro	*Tostado overo*	*Gateado overo*
Zaino overo	*Bayo overo*	*Manchado*
Lobuno overo	*Overo rosado*	*Cebruno overo*
Azulejo overo	*Alazán overo*	*Tobiano*

OVERO NEGRO

SINONIMIA

ARAUCANO (pampa): *kurü ayid* (negro overo).
RIOGRANENSE: *oveiro negro.*
ESPAÑOL: pío.
FRANCÉS: *pie noir.*
INGLÉS: *odd coloured horse, black and white, piebald.*
Es el formado por retazos blancos y negros.

DIFUSIÓN

Se cita en Córdoba, hacia 1742, un oscuro overo.

OVERO NEGRO

Fue de los pelos preferidos en el pasado. Martín Dobritzhoffer (misionero jesuita del Paraguay, 1749-1767) refiere: "Con frecuencia hemos encontrado caballos blancos manchados de negro, con crin y cola negra, que poseían gran fuerza y resistencia".

"La patriota chascomusera señora Carmen Machado de Deheza, apodada «La heroína del Sur» por las fuerzas de la revolución del 39, en contra del dictador Rosas, durante su visita al campo revolucionario fue obsequiada por el jefe con un brioso overo negro, al que le trenzaron la crin con cintas celestes, mientras ella se ponía para montarlo su vestido muselina color cielo" (Ángel J. Carranza).

Estanislao del Campo lo trae para un crédito en sus versos:

"*Como que era escarciador,*
vivaracho y coscojero,
le iba sonando al overo
la plata que era un primor".

Don Juan Manuel de Rosas manda de regalo, en el año 1840, dos tropillas de overos negros, con una yegua oscura, a su ahijado Mariano Rosas (Paguithruz Guor), quien sería más tarde cacique de los indios ranqueles. E igualmente el cacique Bustos, de varonil aspecto, se presentó (en 1870) a parlamentar con el general Mansilla, "montado en un magnífico caballo overo negro, perfectamente ensillado, con ricos estribos de plata y chapeado".

TOSTADO OVERO

SINONIMIA

ARGENTINA: castaño overo (nombre usado antiguamente).
ESPAÑOL: pío.
INGLÉS: *dark chestnut and white, chestnut skewbald.*
ALEMÁN: *Röthiche Schecke* (rojizo overo).
Es el alazán tostado remendado de blanco.

DIFUSIÓN

Frecuentemente recordado y con aprecio entre los criollos de épocas pasadas; así, el castaño overo de la silla del canciller Zeballos durante su viaje al país de los araucanos (1870). Hoy también viste algunos ejemplares sobresalientes, tales como el "Olvido Cardal" S. B. A. 85, campeón de Palermo en 1922, padre y abuelo de tan numerosos campeones que con justa razón se le considera uno de los pilares de la raza.

TOSTADO OVERO Y RUANO

GATEADO Y BAYO OVERO, LOBUNO, CEBRUNO, ALAZÁN Y ZAINO OVERO

SINONIMIA

Español: pío.
"Bayo overo", en inglés: *odd coloured horse dun and white.*
"Lobuno overo", en inglés: *odd coloured horse blue dun and white.*
"Cebruno overo", en inglés: *odd coloured horse mouse and white.*
"Gateado overo", en inglés: *coloured horse striped.*
"Zaino overo", en araucano: *dürdé ayid.*
"Zaino overo", en inglés: *bay and white.*
"Alazán overo", en francés: *pie alezan.*
"Alazán overo", en inglés: *chestnut and white.*

DIFUSIÓN

Los gateados, bayos, cebrunos, lobunos, zainos, alazanes y tordillos, con manchas blancas, o sea overos, son frecuentes en la estirpe criolla. Gateada overa era "Revoltosa Cardal", llamada la "gran madre de la raza criolla" por la excelencia de sus descendientes y cuyo esqueleto se exhibe en el Museo Nacional de La Plata.

El alazán overo es mirado en menos; al decir gauchesco: "Galope de perro; bueno para andar mujeres".

MANCHADO

SINONIMIA

Araucano: *piz piz*, el de manchas pequeñas y *kupár*, el de manchas grandes. *Kolü ayid*, el colorado con manchas blancas.

MANCHADO *

* Reproducción del "Mancha Cardal" dibujado por A. Cabrera a la vuelta del raid Buenos Aires-Nueva York (1928). Hoy, junto con su compañero "Gato Cardal", se halla en el Museo de Luján, provincia de Buenos Aires.

ARGENTINISMO DE LOS INDIOS PAMPAS: *manchaw.*
ABIPÓN: *lacagaic, acagaic.*
RIOGRANDENSE: *oveiro vermelho.*
ESPAÑOL: pío.
INGLÉS: *odd-coloured, skewbald, mottled.*
COWBOY AMERICANO: *patchwork quilt.*

DEFINICIÓN Y DIFUSIÓN

En el Río de la Plata se le llama así al colorado con manchas blancas.

Al manchado no lo hallo con acepción hípica en el Diccionario español del 1726-39. En Sud América, en 1790, figura "un caballo manchado de don Pedro", en los archivos de los Tribunales de Córdoba. Luego lo cita don Félix de Azara (1781-1801): "Es creencia de algunos habitantes que los caballos manchados son difíciles de amansar".

Varios autores que han estudiado los pelajes, no son exactos en cuanto al significado argentino que hoy se da a este término: Así, W. Joest lo describe: "*Dunkel, mit wenigen helleren Flecken*" oscuro con manchas claras. D. Bernier: "*Le* manchado *(taché) présente sur le corp une tache d'une autre coleur que le fond de la robe*". Y sabemos que para ser manchado es esencial que se combinen retazos de blanco y colorado; y en segundo lugar, que la mayoría de ellos muestren más de una mancha.

Manchado era el flete porteño del señor Grigera que hubo de medirse el 1° de mayo de 1852 con el moro de Urquiza. Aquel caballo, según el diario *El Progreso* de esa época, no había tenido hasta entonces competidor que lo venciera en las carreras inglesas. De este pelo era uno de los criollos: "Mancha Cardal", con el que realizó Aimé Tschiffely su extraordinario viaje de Buenos Aires a Nueva York (1928).

TOBIANO

SINONIMIA

Repetimos lo que hemos dicho para los demás overos: al tobiano y a todos los retaceados los abarca el término español "pío"; francés: "*pie*"; inglés: "*piebald*"; alemán: "*Schceke*".

SAN PABLO Y RÍO GRANDE: *tubiano, tobiano.*
COWBOY AMERICANO: *pinto.*
PAULISMO DE LOS INDIOS PAMPAS: *tuviyanu.*

"Tobiano colorado", en inglés: *skewbald*
"Tobiano negro", en inglés: *piebald.*

TOBIANO NEGRO

DEFINICIÓN

Se dice así al overo formado por grandes manchas blancas bien marcadas que ocupan de preferencia la parte superior del cuerpo.

En los demás overos, el blanco predomina en ventral, y abundan las manchas chicas, irregulares y con bordes mal delimitados.

Los retazos blancos del tobiano tienen bordes más regulares y más nítidos. Hay tobianos de todos los colores: *tobiano negro*, *tobiano colorado*, *tobiano zaino*, *tobiano bayo*, *tobiano gateado*, etc., y hasta *tordillos* y *rosillos tobianos*. Pero los tobianos más vistosos se hallan entre los negros y los colorados.

ORIGEN DEL VOCABLO

No lo encuentro en *Pintura de un potro* (España, 1655), ni tampoco en el primer Diccionario español (1726-39). En los archivos de los Tribunales de Córdoba, estudiados con el padre Grenón, no figura el término “tobiano”, ni el “tubiano”.

W. Joest, investigador alemán que recorrió las pampas argentinas y México hacia 1870, no lo cita entre los nombres aplicados a los pelajes hípicos, a pesar de estudiarlos en número de cuarenta y seis en su comunicación, publicada en Berlín el año 1877.

M. V. Pereyra, en su trabajo *El pelaje del caballo* (Anales de la Sociedad Rural Argentina,1877), describe extensamente más de cincuenta colores de yeguarizos bonaerenses, y entre ellos no figura el tobiano; sí el overo.

En Martín Dobritzhoffer (1783), Paolo Mantegazza (1870), así como en los demás autores de la numerosa bibliografía ganadera y gauchesca anteriores al 1870, tampoco se encuentra el término "tobiano", ni "*tubiano*"; sólo tienen el "overo" y el "overo galán", el "manchado", el "overo rosado", el "azulejo overo" y otros overos, lo que refuerza la opinión, generalizada en la Argentina, de que es en una época relativamente reciente, más o menos hacia el 1870, que el tobiano se conoció en las provincias del Río de la Plata.

Este criterio concuerda por otra parte con el que traen Romaguera Correa y Daniel Granada sobre la misma palabra. El primero, en su *Vocabulario sul-riograndense* (1898), trae así la etimología de ese término: "*Deriva de Tobías (brigadeiro Raphael Tobía) que foi quem introduziu em S. Paulo, d'onde também trouxe para aquí, alguns exemplares, que se reproduziram fácilmente, ha mais de quaranta anos a esta data, por occasião da derrota e fuga para o Rio Grande d'aquelle brigadeiro, então revolucionario*".

Granada, en su Diccionario rioplatense, dice así: "De un jefe revolucionario (cuentan) de la provincia de São Paulo en el Brasil, conocido vulgarmente por Tubias, quien, derrotado en 1842, pasó a incorporarse a los farrapos riograndenses, montados él y los pocos soldados que le acompañaban en caballos de la casta y pelo indicados; a los cuales caballos por esta circunstancia, llamaron tubianos, denominación que se generalizó después en el Río de la Plata".

El coronel Luis Carlos de Moraes, en su *Vocabulario riograndense*, y don Alfonso A. de Freire, en el *Vocabulario Nheengatú*, se expresan de acuerdo con Granada sobre el origen del vocablo "tobiano". Asimismo es consenso entre los viejos hacendados de Rio Grande do Sul[62], los que afirman que tal pelo no existió allí hasta la citada introducción desde el norte por el brigadier Tubias.

La palabra "tubiano" debemos entonces considerarla como propia del idioma brasileño y de uso corriente en São Paulo y Rio Grande do Sul. En las Repúblicas platinas se le dijo "tobiano".

Según todas las referencias de antiguos estancieros de Buenos Aires que he podido consultar (nacidos de 1850 a 1860), los tobianos habrían venido a este lado del Plata, desde Rio Grande do Sul, a través del Uruguay y de Entre Ríos. En Buenos Aires eran hasta entonces desconocidos y recién empiezan a verse hacia el 1870. De los primeros ejemplares tobianos que habrían pisado tierra argentina serían varias yeguas que tuvo el general Justo José de Urquiza en 1850, en su estancia "San José", en Entre Ríos, quien las había recibido en obsequio del Brasil.

62. *Comunicación de Ayres da Cunha Echenique a S. Solanet*. Pelotas, 1939.

Entre las causas de la frecuencia de pelos overos y tobianos en los yeguarizos del Brasil, pueden señalarse: a) la mutación, que dio una capa preferida por sus habitantes; b) la herencia del frisio venido con los holandeses durante la invasión de algunos territorios del Brasil por São Salvador (Bahia) y por Olinda a Pernambuco, en 1624 y 1630, y que se extendió veinticuatro años después; el tobiano se da como abundante en el pasado, en las estirpes caballares de Frisia y de los Estados germanos del Oeste, próximos al Mar del Norte.

Al tobiano, la mayoría no lo considera pelo de criollos. Según la mayoría de los autores y ganaderos argentinos ese pelo no existió en nuestro país antes de 1850, o sea en la época en que todo el yeguarizo era de raza criolla pura y sin mezcla. En cambio, es creencia general que fue importado del Brasil en 1850 a Entre Ríos y después de 1870 a la Provincia de Buenos Aires, o sea cuando la mestización cundía en el litoral rioplatense, resultando así que se mezcló mucho con los caballos de razas europeas, y como es un pelo estampador, se difundió entre sus descendientes mestizos.

Por tales razones, los criadores del criollo puro en la Argentina miran con desconfianza al tobiano, aun cuando el resto de su conformación tenga los caracteres de la raza del país.

Por otra parte, no existe en Chile, donde se conserva la estirpe con gran pureza, y no es aceptado tampoco como criollo puro por muchos de los criadores riograndenses en el Brasil, ni por los uruguayos.

CUALIDADES ATRIBUIDAS A LOS CABALLOS DE ESTE PELO

Es conocido el refrán bonaerense (1890-1940): "El tobiano, para nada", que le niega cualidades para desempeñarse en los rigurosos trabajos camperos; en contra de este concepto despectivo, existe la referencia de muchas personas que lo recuerdan sobre ejemplares sobresalientes para galopar largas distancias.

Es uno de los pelos preferidos para la yegua madrina en las tropillas.

"*Tilinlin, tilinlin... Egua madrinha...*
Vem ponteando, a tropilha re pontada,
Como a d'alva ponteia... á distancinha...
A tropilha vermelha da alvorada".

(Vargas Neto)

OVERO ROSADO

SINONIMIA

"Overo rosado", en araucano: *kololón* (*koó* o *kolow*, tiza o creta rosada), *cololón*.

"*Oveiro-chita*" le llama el gaucho riograndense (*chita*: género adornado que usan las criollas de Rio Grande).

"Overo rosado", en castellano: flor de romero u overo claro.

"Overo rosado", en inglés: *odd-coloured chestnut and white*, *skewbald roan*.

DEFINICIÓN Y CARACTERES DIFERENCIALES CON OTROS PELAJES COMPUESTOS DE BLANCO Y COLORADO

Overo rosado se dice del formado por manchas rosadas y blancas.

Cuando las pintas rosadas son del tamaño de un grano de maní y sembradas regularmente sobre el fondo blanco, o tordillo blanco, se le llama "sabino".

Porcelano rosado es aquel de pelos blancos que por transparencia dejan traslucir manchas rosadas de la piel. En el overo rosado, las manchas tiñen el pelo; en el porcelano rosado, sólo el cuero.

El *rosillo* resulta de la mezcla de pelos blancos y colorados.

"EL GALÁN OVERO ROSADO"

DIFUSIÓN

Como hemos visto al tratar el overo, éste fue un término corriente en tierra americana en el tiempo colonial. Así, por ejemplo, hallamos aplicado el término "overa rosada" para una yegua del año 1650. [63]

En la estancia "San José", de Calamuchita, de Pedro Alonso Mejía, se hallaban entre otras en 1729: "La manada de un rosado con once yeguas, cuatro potrancas de dos años, dos potros de la misma edad".

El indio Florián, en el año 1785, montaba un overo rosado "cuando éste rodó y le dejó tomar por los españoles que le perseguían a él y otros que arreaban haciendas robadas" (Archivos Tribunales de Córdoba).

Por su aspecto galán y donoso, fue de los preferidos para pasear por el hombre del país. Así lo traen los versos de Estanislao del Campo:

> "*En un overo rosao,*
> *flete nuevo y parejito,*
> *cáia al bajo, al trotecito*
> *y lindamente sentao,*
> *un paisano del Bragao*
> *de apelativo Laguna...*"

De don Matías Ramos Mejía, hacia el año 1880, tengo una fotografía [64] en uno de ese pelo, y a este conocido estanciero bonaerense se le consideraba de los primeros caballistas en su época.

AZULEJO OVERO

SINONIMIA

A este pelaje lo abarca el término español "pío"; su versión al inglés por Heriberto Gibson, es *odd coloured horse blue and white*, y para Cunninghame Graham, *slate and white piebald*. En la Argentina, a ciertos azulejos, tono azul celeste, les dicen: "overito color cielo", y al entrepelado y azulejo: "llueve y no llueve". *Azulego* lo pronuncian en Rio Grande do Sul. *Hajar-El Wad* le llaman los árabes, que quiere decir "piedra en el río". [65]

63. GRENÓN, Juan P. *Hípica histórica*.
64. Cedida galantemente por don Enrique Sundblad en 1923, quien personalmente conoció este caballo, el preferido de don Matías, en Mari Huincul, hacia los años 1875 a 1880.
65. TSCHIFFELY, Aimé F. *Comunicación a E. Solanet*. Londres, 1935.

DEFINICIÓN

En la Argentina, por "azulejo overo" o simplemente "azulejo", se entiende al de manchas blancas y negras con reflejos azulados. Los bordes de las manchas están mal delimitados y hay en muchas partes mixtura de esos dos colores.

DIFERENCIALES CON EL BLANCO PORCELANO

"Blanco porcelano" o simplemente "porcelano" es el de pelo todo blanco con visos azulados como los de la loza fina o porcelana, producidos por transparencia de manchas negras existentes en la piel. En cambio, en el azulejo overo, el color negro existe no sólo en el cuero sino también en el pelo.

"EL AZULEJO, COMO LUZ"

CON EL MORO

En la constitución del azulejo y del moro entran los pelos blancos y negros con reflejos azulados. Se diferencian en que el azulejo tiene el blanco y el negro en manchas, o sea a retazos, y en cambio, en el moro, los pelos blancos están entremezclados uniformemente con los pelos negros.

Estas definiciones y diferenciales, deducidas directamente del léxico usado por los camperos más entendidos, corrigen las defectuosas o incompletas de Paolo Mantegazza (1870) [66], de M. V. Pereyra (1877) [67] y de W. Joest (1887) [68]; y corresponden con las del blanco porcelano que dan los zootecnistas: español, don Rafael Espejo y del Rosal, y el platense Desiderio Bernier, y la del *azulego*, que trae el vocabulario riograndense del doctor J. Romaguera Correa y el vocabulario gaucho riograndense de Callage.

DIFUSIÓN

Entre las yeguadas overas que don José Ramírez, estanciero del Tucumán, dejara en sucesión el año 1650, se anota una "azuleja grande". En épocas anteriores se cita pocas veces. Posteriormente con frecuencia.

Testigos del 1870 me refieren que sobre la costa del Salado, en "El Rincón", de don Narciso y Juan Francisco Vivot, éstos poseían manadas enteras de yeguarizos con tal capa. [69]

En cambio, M. V. Pereyra dice que en la estancia "Hinojales", de Anchorena (centro sur de la Provincia), había en 1855, yeguadas en tal número que paraban rodeos de veinte a treinta mil cabezas; y a pesar de lo cual, "un capataz Villagra se propuso formar una tropilla de pelo azulejo para ofrecerla a su patrón, pero no pudo conseguir sino cinco..."

En Rio Grande do Sul "*os animaes d'esta côr são excellentes, por êm mu raros*".

Como guapos y ligeros los da Bartolomé Hidalgo (1788-1822) cuando refiere que Chano, capataz de una estancia en los Montes del Tordillo, al llegar a la Guardia del Monte, distante cuarenta leguas, se encuentra con su amigo Contreras, quien le pregunta:

> "*—¿Y se vino del tirón?*
> *—Sí, amigo, estaba de balde.*
> *Y le dije a Salvador:*
> *Andá, traeme el azulejo...*"

66. MANTEGAZZA, Paolo. *Río de la Plata a Tenerife*. Segunda edición, Milano, 1870. "Porcelano: blanco gris con zonas redondas más oscuras imitando al cuello de la paloma".
67. PEREYRA, M. V. *Azulejo: color azul*. Buenos Aires, 1877.
68. JOEST, W. *Overo azulejo: caballo gris con manchas blancas*. Berlín, 1887.
69. Marcos y Desiderio Casado (nacidos en 1851 y 1853), que trabajaron con su padre, don Marcos Casado, en "El Rincón", del coronel don Juan Francisco Vivot, en Chascomús (años 1859 a 1873).

Y este caballo era bravo y ligero:

"*cuando en esto se asustó*
el animal porque el poncho
las verijas le tocó...
¡Qué sosegarse este diablo!

A bellaquear se agachó.
¡Eh pucha! El pingo ligero
bien haiga quien lo parió".

Célebre por guapo y extraordinaria ligereza fue el azulejo del supremo entrerriano Ramírez, que tuvo hasta su muerte. Cuando el ejército de López le hubo vencido, el caudillo entrerriano pidió a su compañera Delfina que con su escolta pasara a Entre Ríos: "Ya sabés que huyendo yo solo con mi azulejo, no hay quien me agarre". "El azulejo de Ramírez era un caballo inalcanzable. Corría con una velocidad increíble" (*Juan Manuel de Rosas*, por Eduardo Gutiérrez, Buenos Aires).

En las llamadas "carreras inglesas" de Buenos Aires, del 22 de abril de 1852, en la sexta carrera, de 2.800 metros, salió victorioso un zaino, "The Ally" nacido y criado en Entre Ríos. El general Justo José de Urquiza, entusiasmado, desafió con él al azulejo overo "Tam O'Shanter", del señor Grierson. Se probaron los dos criollos el 2 de mayo, y el de Grierson cubrió lo marcado sin que en momento alguno el parejero entrerriano pusiera en peligro su victoria. Y cuando el overo cruzaba la raya, en cómodo galope, dicen que Urquiza exclamó: "Ese debe ser el flete que aprovechó Rosas para hacerse humo en Caseros".

En *La Carrera* dice Justo P. Sáenz:

"*Bien desvasado a cuchillo,*
sus ojos de un solo brillo,
su pelo un solo reflejo,
¡estaba aquel azulejo
como pistola e'bolsillo! "

Este pelo, que como declaran algunos modernos hipólogos y militares, resulta de los más disimulados a la vista del enemigo, aun se encuentra en los criaderos de pura sangre criolla y obtienen campeonatos en Palermo. Así, en 1926 triunfaba entre todos los ejemplares de la raza una yegua "Tandil Cardal"; en 1928, "Paisano"; en1930, "Matra Cardal", y en 1935, "Upa Cardal", que fueron campeonas de la raza y de capa azuleja overa.

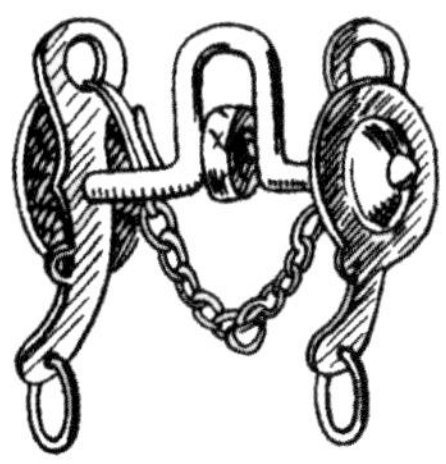

CAPÍTULO SEGUNDO

Las capas cuyos nombres obedecen a detalles existentes en cualquier parte del cuerpo

GALÁN

SINONIMIA

INGLÉS: *stylish.*

DEFINICIÓN

Es el caballo armonioso de formas, bien adornado por su capa y airoso en sus movimientos. "Y es que Damián Osorio compró una yegua con una potranca que la cría era muy galana, y más tarde regala la madre, porque la cría fue comida por el tigre y sólo la había comprado por el amor de la cría" (año 1590, archivo de los Tribunales de Córdoba). *Overo galán, overillo galán*, son también citados en tal época.

Antaño fue usado comúnmente por nuestros paisanos, y aun hoy día lo he escuchado de paisanos viejos y más conocedores del léxico hípico campero.

Era corriente decir *ruano galán*, para el alazán dorado de crines blancas y bien proporcionado; del mismo modo se mentaba al donoso *overo galán*, al *picazo galán*, al *bayo galán*, etc.

ENTREPELADO

SINONIMIA

INGLÉS: *non descript, skenbald pure, show horse.*

RIOPLATENSE: entrepelado, llueve y no llueve.

PORTUGUÉS: *entrepolado.*

RIOGRANDENSE: *entrepélado, entrepelado ou sete pelos.*

DEFINICIÓN

Como bien dice el profesor Bernier (La Plata, 1901), el "entrepelado es una mezcla de pelos de diferentes colores, formando así un total indefinido". De tal modo, resulta una capa que no encuadra exactamente en ninguna de las numerosas conocidas por el gaucho. Concuerda también con la que dedujera W. Joest durante sus viajes en

1877: "caballo de color indeterminado". Para Rio Grande do Sul trae Romaguera y Callage: "*entrepêlado, adj.: animal cavallar de varios pêlos, dominando o branco, o vermelho o preto*".

A menudo la he oído agregar como complementaria para caballos que, a pesar de mostrarnos un pelo dominante, llevan además otros colores, los cuales no permiten clasificarlo por completo con sólo el nombre de aquella capa. Así, una *azuleja llueve y no llueve*, una *mora entrepelada*, etc.

En el primer Diccionario castellano (1726-39) no se halla este término; se cita ya en 1788 en el Río de la Plata: "un caballo de color rosillo entrepelado"; en 1796, "un caballo entrepelado malacara mascarilla", y en 1807, "una madrina entrepelada".

ENTREPELADO, "LLUEVE Y NO LLUEVE"

PANGARÉ

SINONIMIA

ARAUCANO (pampa): *piyaw*.
ESPAÑOL: lavado, amulado, bragado.
SUL RIOGRANDENSE: *pangaré*.
ITALIANO: *lavato*.
FRANCÉS: *lavé*.
INGLÉS: *mealy, light bay, light brown, or bay with darlz muzzle*.

DEFINICIÓN

Se emplea para significar al caballo descolorido en algunas regiones, sobre todo inferiores del cuerpo, lo cual es más aparente en el hocico, vecindad del párpado, axilas, bajo vientre y babillas. Se diría que estas zonas hubieran sido sometidas a la acción prolongada del agua, la que habría así lavado el color primitivo. Estas partes desteñidas semejan el color de la caña de la India, y otras veces son algo grises. Tal particularidad se observa comúnmente sobre el doradillo y el zaino. Suele hallarse también en los gateados, bayos, colorados, cebrunos, overos, etc. He conocido asimismo zainos pangarés criollos con las crines blancas, o sea, zainos pangarés y ruanos.

En Córdoba, el año 1742, se cita un "pangaré agililla", o sea, uno cuyo andar era del acelerado paso usado en nuestras provincias del interior, y en 1796, un "rosillo pangaré". En el sur de la Provincia de Buenos Aires fue conocido también en tal época (1770). [1]

CUALIDADES ATRIBUIDAS A LOS CABALLOS DE ESTE PELO

En las memorias autógrafas (*Hechos de armas contra los indios de la frontera del Sur*) del sargento mayor Juan Cornell (1820) se refiere que el cacique Calfiao "escapó en un generoso zaino pangaré, llevando en ancas a su hijo, que era un fornido "huelche" (mocetón), y disparando entre los médanos con las potreadoras enredadas..." "Y al día siguiente se apeaba el Calfiao a parlamentar, después de andar treinta y cinco leguas en el mismo pangaré, que apenas parecía un poco trasijado".

Este pelo fue observado en la estancia "Del Pino" (Partido de Matanzas) por monseñor de Ezcurra, entre los que fueron de la silla de don Juan Manuel.

Refiere Mariano V. Pereyra que según creencia difundida en la Provincia de Buenos Aires (1877) eran guapos, ágiles y ligeros para las corridas de venados y avestruces.

Dice Antonio G. del Valle, en su libro *Recordando el pasado*, que hacia 1870 había en Buenos Aires parejeros de renombre, caballos criollos que fueron muy buenos en sus tiempos. Entre todos

1. ROJAS, Ricardo. *El amor de la estanciera*, public. cit., Buenos Aires, 1917.

ellos se destacó el célebre "Pangaré Buey", tan ligero y guapo que nunca pudieron vencerlo en el sur de la Provincia, ni en la ciudad de Buenos Aires. "Este notable animal era marca y propiedad del coronel Benito Machado. Era netamente criollo y de su estancia "Tamanguiyú", en Lobería, centro sur de la Provincia de Buenos Aires. El día de la batalla de San Gregorio se le extravió. Más tarde, en las esquilas de la estancia de don Juan Ford, que era posta de las galeras entre Chascomús y Dolores, los esquiladores armaron una polla de diez cuadras, y el patrón, no teniendo parejero, tomó un pangaré todo lastimado y flaco, dejado de cuartear con la muda de la última galera. El pangaré ganó de punta a punta. Desde ese día se le conoció por el Pangaré Buey, se le cuidó y comenzaron sus grandes triunfos". "Corría todo tiro. Lo mismo cuatro cuadras, que veinte, cuarenta o sesenta. Fue un caballo prodigio. Salían a las boliadas de avestruces, que abundaban en el Rincón del Toro; y cuando atropellaba el Pangaré Buey, ya era presa segura; su jinete boliaba, como se dice, bajo la barbada del freno". "Donde corría el Buey se jugaban cuanto tenían. Con to-

PANGARÉ MALACARA Y MEDIA RES

dos los caballos salía a la par; donde quería los pasaba sin esfuerzo. En Buenos Aires también ganó a los mejores. En el hipódromo de Belgrano triunfó en tres vueltas contra el Malacara de los ingleses. En Lomas venció sobre cuarenta cuadras al célebre oscuro del general Manuel Hornos. Cuando ya no tenía con quien medirse en Buenos Aires, el coronel F. Vivot lo iba a llevar al Brasil, pero días antes del embarque se le encontró muerto en el box; por imprevisión del cuidador, que esa noche lo dejó con bozal, el animal, sin duda al rascarse, metió la pata en el travesaño del bozal y se ahorcó".

Don Roberto B. Cunninghame Graham (conde, lord y barón) cuenta que "los mejores años de la vida los pasé entre los indios y gauchos, entre los años 1870 y 90, en las Pampas y en el Paraguay. Estaba sin un centavo en el bolsillo, pero tenía una tropilla de pangarés y riendas plateadas, chiripá y pelo hasta los codos. No deseaba más".

En cambio, hacia 1900, Bernier trae la desconfianza que a tal pelo se le tiene, al decir del refranero: "Pangaré, galopa que te veré".

ALAZÁN NEVADO

Por mi parte, los he conocido siempre y oído referir en la Provincia de Buenos Aires con grandes cualidades de guapeza.

Romaguera Correa asegura que para el riograndense, "*generalmente, os animaes d'este pelo são excellentes, porêm muy bravios e manhosos*".

DORADO

DEFINICIÓN

Con reflejos de oro; se suelen observar en bayos y alazanes bien cuidados y a los que se les dice "bayo dorado", "alazán dorado".

Al colorado claro que trae tal reflejo se le llama "doradillo".

SABINO (izquierda), TOSTADO OVERO (centro), OSCURO (derecha)

NEVADO

SINONIMIA

Rio Grande do Sul: *salino* (no hay nieve).
Brasil: *rubicão.*
Español: nevado.
Francés: *neigé.*
Inglés: *snow-white* o *milky-white.*
Eslavo: *sniegovit.*

DEFINICIÓN Y DIFUSIÓN

Se llama así al caballo que muestra diseminadas con cierta uniformidad sobre su manta, pintas blancas finas, semejando los copos de la nieve.

"*Diz-se que é rubicão, quando se mostram, no cavallo, pellos brancos esparsos, sem, todavía, mudar o fundo da pellagen geral*" (Brasil: P. de Lima Correo).

No es raro hallarlo entre los individuos definidos de la raza del país, y adoptando un aspecto donoso, especialmente cuando adornan un fondo oscuro. Así, la yegua "Zulema Cardal" S. B. A. 0130, que en 1919 seleccionara con otras cinco entre las cuatrocientas madres de los antiguos planteles criollos de don Diego Baudrix (estancia "El Rincón", en Balcarce, Provincia de Buenos Aires), la cual, sobre su pelo tostado requemado, llevaba regularmente distribuidos estos pequeños copos blancos. Igualmente, "Pilqui-yá Cardal" S. B. A. 177, el campeón de la Exposición de Palermo en 1929, era tostado nevado.Varias veces hemos visto después en Palermo gateados con partes del cuerpo nevadas; así, en 1945, un gateado anca y lomo nevados.

Según Lecoq, los nevados son comunes entre los caballos de Argelia, los que sabemos se hallan emparentados directamente con el nuestro.

SABINO

SINONIMIA

Guaraní: *mandubí* (maní).
Rio Grande do Sul: *vinagre.*
Cowboy americano: *white speckled with red.*

DEFINICIÓN

Cuando sobre el fondo blanco aparecen, distribuidas con cierta regularidad, numerosas pintas rosadas del tamaño y forma del grano del maní. (Véase "blanco" y "tordillo sabino").

MOSQUEADO

SINONIMIA

ITALIANO: *trottinato* (truchado).

DEFINICIÓN

Se llama así al blanco o tordillo blanco que muestra manchitas negras del tamaño de una mosca y distribuidas en forma regular sobre una o varias regiones del cuerpo. (Véase "blanco" y "tordillo"). Se describe así en el Uruguay y Brasil. En Inglaterra se le dice "*flea bitten*".

SALPICADO

DEFINICIÓN

Al que parece rociado en gotas.

Generalmente ocupan una región limitada de su cuerpo. Es un término hípico también conocido en otras Repúblicas americanas. Es el *speckled*, el *flecked*, el *fleabitten grey*, de los británicos y de los *american western horsemen*.

APOROTADO

DEFINICIÓN

Empleado en la Argentina para significar la capa que tiene manchas del tamaño y forma del poroto. El Diccionario de la Lengua Española de 1925 dice: "Atabanado (De A, 2° artículo, y tábano, por la señal que deja su picadura). Dícese del caballo o yegua de pelo oscuro y con pintas blancas en los ijares y cuello". En la literatura del Río de la Plata no encuentro el "atabanado"; tampoco lo escuché a los camperos y gauchos del 1900 acá. Este término, de la hípica española, dice algo de nuestro "aporotado" o "salpicado" (en los ijares y el cuello) y también del "lagarto" (ijares).

LUNAREJO

DEFINICIÓN

Se usa en Centro y Sud América. Argentinismo de los pampas: *lunaréntu*.

Aplícase al que lleva uno o más lunares. Se entiende que éstos son redondos pequeños y de tamaño aproximado.

Considero que no es exacta la definición que trae Bernier: "pelo uniforme en el cual hay una o dos manchas", ya que no abarca a todos los lunarejos, los que en su mayoría se hallan formados por más de dos lunares.

Lo encuentro entre los pelos criollos en una escritura del año 1650 de la Provincia del Tucumán.

"Lunarejo Cardal", un rosillo de catorce años con esta particularidad fue el caballo montado por el ingeniero Abelardo Piovano, y que con noventa y cinco kilos de peso salió de Buenos Aires en pleno invierno (julio de 1925) para llegar a Mendoza en dieciséis días y medio, cubriendo la distancia de doscientas setenta y seis leguas a razón de dieciséis leguas y tres cuartos por día; con un día perdido por lluvia torrencial y cinco días con caminos pantanosos, al extremo de permitirle una marcha de sólo cinco leguas por día. En el último día recorrió las veinticinco leguas que separan a José Néstor Lencinas de la ciudad de Mendoza, y batiendo en mucho los records militares anteriores.

RODADO

SINONIMIA

ARGENTINA: empedrado, a medallones, manzanado.
RIO GRANDE DO SUL: *apatacado* (de la moneda, "patacón").
ESPAÑOL: rodado.
FRANCÉS: *pommelé* (manzanado).
ALEMÁN: *Apfelschimmel* (tordillo manzanado).

DEFINICIÓN

Se dice del que trae zonas redondeadas más claras que el color general de su pelo y del tamaño aproximado al de una manzana; cubren una región o varias y a veces todo el cuerpo. Se las suele encontrar en los tordillos, bayos, zainos, cebrunos y alazanes.

ATIGRADO O BARCINO

SINONIMIA

ARAUCANO (pampa): *nawel kawell* (tigre caballo).
ARGENTINA: *barcino.*
BRASIL: *tigrado.*
ÁRABE: *baraxa.*
ESPAÑOL: *atigrado.*
FRANCÉS: *tigré.*
INGLÉS: *striped.*

DEFINICIÓN

Al que muestra rayas dispuestas como en la piel del tigre.

Lo he observado sólo en dos ejemplares cuyo fondo era ocre oscuro; los nombraban "gateados barcinos" y eran en verdad gateados al máximo. (Véase "gateado"). Fue conocido también y descripto por Pereyra en 1877.

Las leyendas chinas dicen que caballos atigrados que sudaban sangre y eran muy veloces existían en el Turquestán. Con el único propósito de apoderarse de algunos, en el año 107 antes de J. C., un emperador chino movilizó un ejército de 60.000 hombres y declaró la guerra a los Ta-Wans. Los yeguarizos del Turquestán son de sangre oriental.

Lima Correa, refiriéndose al término tigrado usado en el Brasil, dice: "*Pelagem do cavallo que se caracterisa por manchas pretas ou escuras e alongadas, dispostas sobre o corpo do animal, de modo a lembrar o leopardo ou a panthera, Exemplo: cavallo baio tigrado*".

TIZNADO

SINONIMIA

ESPAÑOL: atizonado.
FRANCÉS: *tisonné ou charbonné.*
INGLÉS: *smoked*
COWBOY AMERICANO: *smokey.*

DEFINICIÓN

Aplícase a la capa que lleva manchas negras irregulares y comparables a las que produce el golpe del tizón.

CHORREADO

DEFINICIÓN

Al que tiene manchas semejantes a las que deja un líquido volcado. Puede serlo sobre una región o varias del cuerpo. No es el mismo atigrado, ya que en éste guardan cierta regularidad y analogía con las del tigre.

RUANO

DEFINICIÓN

Es el alazán que lleva la crinera y cola más o menos blancas. También se conocen el *tostado ruano*, el *pangaré ruano*, el *bayo ruano*, el *rosillo ruano* y otros que muestran análoga particularidad.

Los idiomas europeos no traen palabra propia con tal acepción. (Véase "alazán ruano").

RAYA DE MULA Y RAYA CRUZADA

SINONIMIA

México: listoncillo

Español: raya de mulo.

Francés: *raie de mulet, bande croise, ou croisade.*

Italiano: *riga di mulo zagarella,* r*iga mulina incrociata.*

Inglés: *chestnut with blach mane and tail, black mane and tail and with blach stripe along the spine, mule stripe.*

DEFINICIÓN

Es una raya negruzca, de unos dos centímetros de ancho y que ocupa todo el filo del lomo.

Existe casi constantemente en el gateado y en el lobuno. Con frecuencia en otros bayos, en los cebrunos y tostados. Raras veces en el zaino, colorado y doradillo. En la mayoría de los asnos y mulas.

Al bayo raya de mula, el cowboy le dice "*cel-backed dum*" (*cel* = anguila), = "bayo lomo de anguila". Lo tenían frecuentemente en sus *mustangs*, o sea los criollos de los Estados Unidos, cuya casi completa desaparición tanto lamentan hoy. Los animales con raya de mula, eran muy comunes entre los "broncos", especialmente en el oeste del Estado de Obregón. "Broncos" llamaban al *mustang* (criollo) más endiablado y bellaco.

Se dice "raya cruzada" cuando además existen una o varias transversales a la anterior y veteadas, las que, naciendo en la cruz, descienden sobre cada marucha hasta cerca de la mitad de la escápula. (Véase "gateado").

Suele haber también cruzadas que descienden en la mitad o en la base del cuello.

YAGUANÉ

SINONIMIA

Araucano (pampa): *manké vüri* (lomo de cóndor).
Brasil: *yaguanez, jaguané.*
Inglés: *white striped.*

DEFINICIÓN

Aplícase al animal que muestra una o dos franjas blancas anchas, a la par y a lo largo de la espina dorsal. No he observado ningún equino con tal carácter; sí, en cambio, varios ejemplares vacunos de raza criolla.

El término "yaguané" lo encuentro usado entre nosotros, ya en el año 1799, en los archivos de los Tribunales de Córdoba, donde se dice: "Yaguané colorado", pero refiriéndose al animal vacuno.

Lo cita Joest entre los pelajes del caballo que él conoció hacia 1877 en la Argentina. También lo cita Elías Gordillo Rojas como observado en el sur de la Provincia de Buenos Aires el año 1888.

La palabra "yaguané", del idioma guaraní, significa el *Mephites Suffocans* (Azara), o sea el zorrino. Este animal, de pelo generalmente oscuro (muy rara vez café), muestra una raya ancha blanca a cada lado de la línea mediana o vertebral, desde la cabeza hasta la cola. Y por analogía, el nativo le dio su nombre al animal mayor con parecida particularidad. El autor riograndense Romaguera Correa opina que *jaguáné* (con igual significado) deriva "*do guaraní yagûareté, tigre que transforma em jaguané*". Tiene el mismo significado en Rio Grande do Sul que en el Plata. Tampoco se conoce hoy en el yeguarizo del Brasil, según el ingeniero G. Echenique; sólo en los vacunos del país.

En su valioso estudio sobre *El pelo yaguané*, el doctor Sarciat llega a la conclusión de que esta particularidad existió y existe aún en el caballar criollo, pero no con la igualdad distribuitiva y simétrica del yaguané del vacuno y del zorrino, sino en forma irregular, asimétrica y como descendiente de overos.

FAJADO

SINONIMIA

Inglés: *saddle-backed.*

DEFINICIÓN

Dícese del caballo con una banda o cincha blanca sobre el perímetro torácico o abdominal.

VANDEADO

DEFINICIÓN

Nuestros paisanos dicen así del caballo que muestra dos manchas colocadas más o menos a la misma altura a ambos lados del cuerpo. Así, *pescuezo vandeado*, *vandeado en el corazón*, etc.

LAGARTO

SINONIMIA

Inglés: *speckled-belly*.

DEFINICIÓN

Refiérese al que tiene manchitas blancas semejantes a las de ciertos lagartos, en las axilas, bajo pecho, vientre y babillas. Fue conocido en la Exposición de Palermo del 1924, presentado por don Martín Pereyra Iraola, un padrillo de dos años bayo galán y al que los camperos decían "lagarto" por llevar tales distintivos en las babillas y axilas.

BRAGADO

SINONIMIA

Español y Lusitano: *bragado*.

DEFINICIÓN

Es aquel que lleva manchas blancas en las bragas o entrepiernas. Citado en el año 1627 en los archivos de los Tribunales de Córdoba.

Esta particularidad, frecuente entre los criollos antiguos, suele verse hoy sobre pelajes doradillos, colorados, gateados, bayos, oscuros, tostados y zainos. La leyenda del "Bagual Bragado" se refiere a un salvaje y hermoso criollo colorado requemado, con ese distintivo, y que allá por el 1849, al no poder escapar del cerco cerrado de más de cien gauchos, sus perseguidores, prefirió la muerte, arrojándose desde las barrancas de la laguna, junto a lo que es hoy la ciudad de Bragado y la que de entonces lleva su nombre.

Igualmente la tradición refiere que hacia 1860 habitaba la isla de Martín García un poblador que mantenía relaciones con la costa uruguaya y era dueño de una yegua bragada y de su potrillo, que a nado pasaban fácilmente el ancho canal. Esta habilidad fue aprovechada por varios presos políticos que recobraron su libertad cruzando el río asidos de su cola. Y cuentan que advertido el celoso comandante militar de la isla, hizo comparecer a la yegua en juicio, siendo luego pasada por las armas.

MARUCHA MORA, RIÑÓN Y ANCA MORA, ETC PALETA OVERA, LOMO BLANCO, CUADRIL BLANCO, PANZA BLANCA, CHIQUISUELA BLANCA, ETC.

SINONIMIA

Araucano (pampa): cuadril blanco: *pülag thuthe*; paleta overa: *ayid lipag*; lomo blanco: *püdag vurí* (Juan Benigar).

DEFINICIÓN

Son caracteres individuales observados en las capas de la raza del país y sobre todo en los de matices pardos.

RABICANO

SINONIMIA

Hispanismo de los araucanos y pampas: *rubikánu*.
Español: rabicano, rabican, colicano.
Rio Grande do Sul: *rabicano*.
Brasil: rabição.
Francés: *rabican, crins mélanges*.
Inglés: *silver tail*.

DEFINICIÓN

Se le llama así al que tiene algunas cerdas blancas en la cola. Esta particularidad es común entre los picazos, zainos, moros, rosillos, colorados, oscuros y manchados. Pero puede existir en cualquier pelaje.

Morcillo rabicano (oscuro rabicano) era uno de los caballos de la estancia de José Ramírez en la Provincia de Tucumán, hacia 1660. [2]

Alonso de Ercilla y Zuñiga cita este pelo en el canto X de su *Araucana*:

"*Un caballo morcillo, rabicano,*
tascando el freno estaba de cabestro,
precio del que con suelta y presta mano
esgrimiese el bastón como más diestro". [3]

2. GRENÓN, Juan P. *Hípica histórica*.
3. ERCILLA Y ZÚÑIGA, Alonso de. *La Araucana*. Madrid, 1569 y 1578.

TUSA, TUSO, TUSE

DEFINICIÓN

En España, en Chile, en otros países americanos castizos y en nuestras provincias del interior, se llama "tusa" a las crines del borde superior del cuello del caballo. En la Provincia de Buenos Aires, Pampa y Patagonia corrientemente se le dice "tuso" y "tuse".

Crinudo, tusado, tuse alto y tuse bajo: cuando lleva sus crines largas o apenas despuntadas y así quedan caídas a uno o los dos lados del cuello, se le dice "crinudo". Se llama "tusado" al que las lleva recortadas, quedando verticales y rectas sobre el borde superior del cuello. "Tuse alto" o "de arco" cuando la línea de corte es convexa y así bastante más largas las cerdas en la mitad de la línea superior del pescuezo. "Tuse bajo", "derecho", o "de yegua", cuando el corte es apenas curvado, se aproxima a la línea recta y así se acerca al borde del cuello.

Evolución del tuse: Antiguamente, en nuestra campaña acostumbraban llevar las cerdas largas sin recortar; igualmente la cola, que llegaba abajo del garrón y a veces cerca del suelo.

Era frecuente en el caballo cuidado, atarle cintas y adornos en la cola, la que a veces recogían para que no se ensuciara. Hecho análogo registra en el Paraguay el misionero Martín Dobritzhoffer (1748).

La iconografía del Río de la Plata muestra que hacia 1860 se insinúa el tuse alto o de arco y que se generaliza hacia el 1880. De 1920 en adelante cunde el tuse bajo.

Igual evolución sufrió el largo total de la cola; primero se cortó hasta arriba del garrón y luego a la altura del vientre, y en algunos casos al maslo.

En el pasado se cortaban todas las crines de la cola y se tusaba por completo la crinera sólo a las yeguas destinadas a la reproducción. Tal trabajo, la "cerdeada", fue uno de los rurales más típicos por el despliegue de habilidad y fuerza que permitió lucir al gaucho para enlazar y pialar el yeguarizo. En cuanto al de silla o coche, se consideraba tan importante el uso de la cola larga, que aun el paisano más pobre juzgaba una ofensa y un castigo le obligaran a montar un caballo rabón. Una hermosa cola larga era, no sólo un bello ornamento, sino también una comodidad grande para defenderlo de las moscas bravas, tábanos y otras crueles sabandijas.

Refiere Dobritzhoffer que conoció a un sacerdote español anciano, residente en el Paraguay, el cual tenía un caballo de andar cómodo y ligero, al que usaba continuamente. Un súbdito español deseaba comprarle, pero eran inútiles las proposiciones, aun entregándole la cantidad que le pidiera. Impaciente por la negativa, amenazóle con apoderarse del caballo si no se lo vendía. Advirtiendo el anciano que no le sería difícil al obstinado cumplir su amenaza, llamó y le dijo a su criado: "Anda y córtale la cola a mi caballo; es preferible perder una parte y no todo. Cuando lo vean sin cola reirán de él, pero yo estaré seguro de que no me lo robarán".

Y no sólo su mutilación fue considerada en el Río de la Plata como una venganza ruin para su dueño, sino que además se estimaba como un grave insulto hacia una persona llamarle "rabón".

Detalles del tuse. Agarradera y martillo, cogotillo, mechón domador: al final del tuse, cerca de la cruz, se deja un palmo de cerdas largas que forman la llamada "agarradera", precedida por una grada más elevada del tuse, llamada "martillo".

"Tuse de cogotillo" se dice aun hoy al bien bajito, al ras del cuero, desde el copete hasta tres dedos atrás de las orejas, donde se empieza a arquear el tuse con un dedo más de altura, con lo que se hace un pequeño martillo en el cual calza la cogotera del bozal que, aunque sea grande, no puede correrse hacia atrás.

Ha sido corriente hasta hace poco (1900), y aun hoy lo usan algunos domadores, conservar, al tusar un potro, un mechón de pelos de una cuarta de largo (20 centímetros) y del ancho casi del tuse en el límite del primer tercio del cuello con el segundo y con el objeto de malcornar más fácil al redomón para subirlo.

En efecto, el jinete, con la mano izquierda toma corto el cabestro, hasta acercar y doblar algo la cabeza del caballo hacia el hombre, y fija luego esa mano agarrándola al citado mechón; en tal forma el caballo no puede dar vuelta hacia fuera, o sea hacia la derecha, y así le es difícil escaparse de entre las piernas del domador en el acto de subirlo.

Algunos conservan hoy día ese mechón como adorno y distintivo de que el caballo es redomón, pero con mucho menos espesor y así sin poder servir para agarrarse y malcornarlo al montar.

Copete o flequillo: en las provincias del interior, en la República del Uruguay y en la de Chile, es corriente dejar un copete o flequillo de cerdas con todo el ancho y de 10 ó 15 centímetros de largo, que caen sobre la frente como adorno de los caballos criollos de silla. En la Provincia de Buenos Aires, según lo muestra la iconografía, podemos decir que tuvo poca difusión esta moda, pues lo vemos en sólo algunos casos aislados y anteriores al 1890.

Porra: en los animales de crinera y cola largas, sobre todo entre los yeguarizos chúcaros o alzados, a los que no se puede cuidar ni quitarles la tierra, grasa natural, espinas, cardos, abrojos, ramas y otras malezas, frecuentemente se les enredan las cerdas, que ovilladas forman una masa o bola compacta llamada "porra". Se aplicó también como injurioso el calificativo "porrudo", para designar, no sólo al caballo, sino también al hombre negro de mota, y asimismo para el hombre blanco, cuya cabeza estaba reñida con la higiene.

Tuse ancho y tuse angosto: en relación con las formas de diámetros transversales amplios que acompañan al criollo rectilíneo, hallamos en ellos un tuse más ancho. Por el contrario, se comprueban más delgados en el subconvexo, que es ligeramente más longuilíneo y delicomorfo que aquél.

REVESADOS O ESPIGAS Y REMOLINOS

SINONIMIA

Español: espiga, remolino.

DIRECCIÓN GENERAL DEL PELO

El sentido de la dirección del pelo del caballo criollo concuerda con las observaciones verificadas en otras razas por Walter Kidd. Se hallan colocados en general siguiendo una dirección oblicua de dorsal a ventral y de craneal a caudal; de arriba hacia abajo, para así amparar la piel contra las lluvias, y de adelante atrás, para ofrecer durante la marcha la menor resistencia al viento, malezas, ramas, aguas, etcétera.

ZONA DE PELOS REVESADOS Y REMOLINOS

Hay sin embargo varias zonas de la piel cuyos pelos no llevan esa dirección general; unas tienen la contraria, son revesados, o sea, se dirigen de abajo hacia arriba: son las llamadas "espigas"; otras, de forma circular, muestran los pelos retorcidos formando remolinos.

Las espigas tienen una forma alargada y muestran hacia su extremo o en su parte media un pequeño remolino.

Los remolinos resultan, como he dicho, por el retorcimiento de una cantidad de pelos; muestran unas veces una dirección convergente, vale decir, reuniéndose los pelos en fascículos cónicos, y otras, divergentes, separándose alrededor de un punto central, donde forman un pequeño vacío, un pequeño embudo.

En tesis general, la existencia de remolinos y espigas se relaciona con los músculos subyacentes. Se producen en los puntos donde hay antagonismo o diferencia entre el sentido de la contracción y la dirección de los músculos.

Los árabes, tan atentos en lo que concierne a sus caballos, han observado estos remolinos y les asignan un papel importante como señales genealógicas de famìlias, y son virtudes y méritos o son signos nefastos. En cuanto al valor que les dio el gauderio argentino no he encontrado ninguna publicación que los haya recogido, sólo he apreciado algunas versiones poco precisas, y ello como una excepción entre los numerosos entendidos consultados. Coinciden en atribuirle condiciones de velocidad al que lleva muchos remolinos y de guapeza para aquel cuyo revesado del anca se halla cerca del borde del recado. Podemos adelantar que existen, y con pocas variantes de forma y lugar, en todos los ejemplares de pureza reconocida que he estudiado. Y también que no hemos percibido diferencias basadas en la diversidad de pelajes.

Paso a describir la forma, ubicación y frecuencia de cada uno, asignándoles una nomenclatura basada en el lugar que ocupan.

Remolino del flequillo: convergente, redondeado y pequeño, junto al nacimiento del flequillo, o sea, sobre la región del cráneo próxima al occipucio, moño o tupé. Lo encuentro constantemente, unas veces más visibles que otras. Este signo *Kanadil* es de buen augurio para los árabes.

Remolino de la frente: divergente y formando un pequeño vacío, y bien marcado; compruebo su presencia en todos los individuos observados. Se marca en el centro de la línea que une los dos ojos; rara vez se halla arriba o debajo de esta línea. Corresponde al *Kabrmaftub* arabesco, la tumba abierta.

Remolinos de la testera: más o menos a igual distancia del remolino del flequillo y de la frente, uno a cada lado de la línea mediana; los he hallado en contados casos.

Remolino del pico: En el medio del labio superior; es divergente, pequeño y poco apreciable. Su sinonimia árabe: el *Merammí.*

Remolinos de la cara: existen como excepción en la región maxilar; convergentes, en uno o en los dos lados y a veces cerca del borde anterior del músculo masétero.

Revesados y remolinos de la crinera: corresponden a los llamados "escuadrones" de P. Dechambre, espada romana y daga de Julio Vicens y *djeraid* de los árabes. Constantemente se marcan a cada lado del cuello, próximos a la línea cervical y en toda su longitud, formando una zona de tres dedos de ancho, donde se hallan los pelos dirigidos hacia dorsal y caudal para llegar al borde de la crinera, generalmente en forma ordenada, rara vez desordenada y remolineando. Estos pelos revesados se originan de un remolino en forma de embudo ubicado en casi todos los casos (el 80 por ciento) en la nuca. En un 20 por ciento de los ejemplares estudiados, en vez de ocupar tal lugar, los citados remolinos se hallan sobre la mitad del cuello, cerca de su borde superior. En raros individuos lo encontré en ambas partes a la vez.

Cuando se enfrentan, uno a cada lado de la mitad del cuello, se le dice "bandeado"; y al bandeado, según el concepto gauchesco, le acompañan guapeza y toda clase de cualidades. Este juicio, por otra parte, les merecía a los españoles hacia el 1600: "Los buenos remolinos señalan ánimo y bondad; son la espada romana, y mejor si pasa al otro lado" (*Pintura de un potro*).

Esta franja de pelos de dirección contraria a la general está cubierta por las crines caídas del animal no tusado.

Remolino de la gola: redondeado, divergente y de regular tamaño. Ocupa la región de la garganta sobre un 50 por ciento de los ejemplares criollos observados.

En arábigo, *renadjats*, el pequeño suspiro, indiferente.

Revesado de la tráquea: grieta de la tráquea. Adopta la forma lineal y mide de 5 a 10 centímetros de largo sobre el borde mediano e inferior del cuello y entre el segundo y tercer tercio de su longitud; pocas veces sobre la mitad. No es muy frecuente; en el criollo sólo lo encontré en un 10 por ciento de los casos. Los beduinos lo llaman *Chakk el Djeib* y lo dan como desfavorable.

Revesado y remolino del degolladero: sobre cada degolladero he visto con poca frecuencia (un 20 por ciento) una zona de pelos revesados en forma de espiga de maíz y de unos 10 centímetros de largo, uno a cada lado, sobre la extremidad inferior de la gotera yugular, a los costados de la quilla del esternón. Cada uno muestra un remolino convergente alojado en el centro o en superior del campo revesado.

Revesado del pecho: dos, uno a cada lado, sobre el borde medial del brazo. Adoptan la forma de la espiga de maíz, ancha de 5 centímetros y larga de 20. Siempre se nota en la raza criolla esta particularidad, que los árabes creen auspiciosa y denominan *Nichan el Sidr.*

Revesado del codillo: hay en esta región una cantidad poco notable de pelos desorientados. En el citado manuscrito, *Pintura de un potro* (España, 1655), se dice: "Ay otros mui malos, que señalan traizión y flojedad... debajo de la cincha enfrente del codillo, que pasa el corazón, que se llaman guayas; y están conocida la traición que yndica, que poniendo el dedo sobre el remolino, meten la pierna a tirar una coz..." De nuestro costal agregaremos que tal vez sea el instinto el que hace reaccionar así al animal, en defensa de esa región, cardíaca, de tanta importancia para él.

Remolino de la cincha: amplio, divergente y redondeado; sobre la línea mediana de la cara inferior del pecho, unas veces cubre el lugar donde se aplica la cincha del recado (apófisis xifoide del esternón) y otras el de la cincha de la montura. Este signo de la dilatación, de buen augurio para los árabes, *Nichan el Cherihah,* se aprecia sobre un 65 por ciento de los ejemplares de la raza del país que he investigado.

Remolino del ombligo y sus compañeros: este signo, amplio, redondeado y divergente, ocupa el lugar de la cicatriz del mismo nombre y da nacimiento a dos líneas de pelos encimados, que corren, oblicuas, hacia lateral y craneal y se terminan a unos 15 centímetros sobre dos remolinos pequeños y convergentes, uno a cada lado. Es general la presencia de estos tres remolinos en los caballos de estirpe colonial.

Sobre muy pocos sujetos (un 5 por ciento), estos dos compañeros se hallan más alejados del umbilical, hasta 30 centímetros, y así ocupan, no la cara inferior, sino las laterales del vientre, siendo de tal modo visibles para el hombre sin inclinarse.

Para los orientales es un signo ventajoso; lo llaman *Nichan el Surrah.*

Remolinos del anca y revesados de la babilla: en todos los individuos se marca un remolino en fascículo cónico inmediato y anterior al anca, en el punto de contradicción de los pelos descendentes del lomo con los ascendentes de la babilla. Además hay pelos revesados o ascendentes que desde la babilla marchan hasta la cadera, cubriendo una franja de unos 5 centímetros de ancho.

Si este signo se ve próximo al borde del recado se considera favorable, y con justa razón, pues indica que el caballo es corto de lomo.

El oriental les dice *Djennabat* a estas rosetas marcadas sobre los ijares.

Remolinos metatarsianos: este remolino es convergente; aparece en la parte proximal del borde posterior de la caña y se prolonga en forma lineal hacia distal, siguiendo ese margen en una longitud de unos 5 centímetros; en casos contados llega a medir 15. Se nota sobre un gran número (el 65 por ciento) de los equinos criollos estudiados en la Provincia de Buenos Aires.

CRESPO

SINONIMIA

ARAUCANO (pampa): *thünthi*, *thinthi*.
GUARANÍ: *pichaí*.
ARGENTINA: mulato, rizado, ensortijado.
RIO GRANDE DO SUL: *chará*.
LATÍN: *crispus*.
ESPAÑOL: crespo.
ITALIANO: *crispo*.
FRANCÉS: *frisé* o *frisuré*.
INGLÉS: *curly coated*.
COWBOY AMERICANO: *curby*.

DEFINICIÓN

Se le dice al caballo de pelo rizo o ensortijado. Esta particularidad, muy rara, y que existe sobre varias capas (la he observado en hoscas), se acompaña por un menor desarrollo y escasez en las cerdas de la crinera y cola.

DIFUSIÓN

En Córdoba, el año 1785 se menciona ya "una manada con el padrillo overo crespo", y en 1796 se citan: un caballo zaino crespo petizo de la raza del país y un castaño crespo [4].

4. GRENÓN, Juan P. *Hípica histórica*. Archivos de los Tribunales de Córdoba, Nº 2 y 5 de la Colección Solanet. Córdoba, 1924 y 1930.

Asimismo, el primer Diccionario castizo de la época (1726-1739) ya tiene la definición del crespo, la que dimos más arriba.

Azara refiere: "He visto muchos caballos crespos, llamados en el Paraguay *pichaí.* Su pelo es ensortijado como el de los negros de Guinea y el casco tan estrecho como el de las mulas españolas, en lo que se aparta de los caballos comunes. Los he visto de varios pelos, menos píos y blancos; pero todos con la cola y crin también crespas y mucho más cortas que el común de los caballos. Raro ha sido el que tuviera la crin de palmo y medio. En otros eran apenas de cuatro pulgadas, y uno ni aun la tenía de una, sucediendo lo mismo a la cola. Estos caballos se perpetúan; mezclados con otros se engendran mestizos, y pasan por más fuertes que los comunes, aunque lo dudo. Pero como parecen feos se procura su exterminio, capándolos y aun matando las yeguas crespas, sin que se consiga el fin porque siempre nacen algunos de padre y madre comunes".

En las primeras exposiciones de la Sociedad Rural Argentina, parece fueron presentados algunos ejemplares de la raza del país con este carácter. Así, en la segunda Exposición, realizada en 1878, según reza en los *Anales*, en la categoría de yeguas de tiro liviano y silla se halla el siguiente ejemplar: "La Argentina" yegua criolla pura, de raza crespa, doradilla, nacida en Monsalvo (sur del Salado), de ocho años; expositor: Matías Ramos Mejía; estancia: "Marihuincul", la que obtuvo el primer premio.

Igualmente, Wilfrid Latham (cabañero en la Argentina), autor de *The States of the River Plate* (London, 1868), dice en esa publicación: "No es raro ver caballos con pelo crespo como la mota de un negro", "ocasionalmente, manadas enteras son así; tienen crines y cola muy escasas".

Antiguos criadores de la Provincia (del 1870 y 1880), así como actuales del Sur patagónico (1900), recuerdan haber observado muchos criollos de pelajes gateados, doradillos, colorados, moros y tostados con el pelo rizo y pocas crines.

Hacia 1860, en su estancia "La Posta" (entre Ranchos y Chascomús) tenían los hermanos Rivero muchas manadas criollas de todo pelo, y había algunas de Agustín Rivero de animales crespos. Me refiere un testigo de esa época: "Entre los crespos los había donosos y de cola no muy delgada, pero también había otros de muy poca cerda en la cola y crinera y que despedían un mal olor, insoportable, cuando sudaban. Eran estos últimos, crespos puros, "Katingas puros" (Marcos Casado, Ayacucho, 1930).

Al criollo escaso de cerda en la cola, en nuestro país le suelen llamar "rabinche"; el venezolano le dice "colines" o "ponchos". Abundan en Rio Grande do Sul aun hoy. Los crespos, generalmente están sobre fondos hoscos; así, en zainos, oscuros, picazos y gateados. El ingeniero Guillermo Echenique, presidente de la *Associação dos Criadores de Cavallos Crioulos de Rio Grande do Sul,* poseía en 1931 y 1935 un lindo picazo crespo, una gateada, una picaza y una baya ruana también crespas, e inscriptas en los libros genealógicos del Brasil; el mismo, en 1939 me obsequió con una gateada overa crespa y de pedigree, que murió de un accidente apenas llegada a mi cabaña.

Los indios pampas del Río Colorado (Colonia Catriel) conocen tal carácter sobre caballos criollos, a los cuales dan el nombre de "*thünthi*".[5]

Bernier, hacia 1900, lo describe en algunos individuos de la raza criolla. Goubaux et Barrier y M. Blanc lo encuentran en 1850 en ciertos caballos de los coches de París originarios de Dinamarca; y el profesor Dechambre estudia caballos europeos de pelo rizado en 1916. La existencia del crespo en ejemplares de las razas europeas destruye uno de los argumentos que daba Aníbal Cardoso para demostrar que los caballos criollos eran aborígenes. En efecto, este autor trae, en apoyo de tal tesis, la existencia del pelo crespo en la raza criolla y la ausencia en las europeas.

En mis observaciones personales, desde 1900 a 1929, sólo he comprobado tal carácter sobre cuatro ejemplares netamente criollos. Uno es la yegua doradilla bragada, nacida hacia 1910 en los campos de la tribu tehuelche Liempichún (precordillera del Suroeste patagónico, río Senguer superior), a la cual seleccioné con otras seis, entre trescientas criollas de la célebre marca india del corazón. Esta yegua crespa fue inscripta en los libros genealógicos bajo el nombre de "Mahuida Cardal", con el n° 0155 del S. B. A., y no dio ninguna cría con tal carácter. Tampoco pude observar crespos en 1911, 1912 y 1919 entre las innumerables manadas criollas de otros indios de aquellas regiones.

La segunda investigación propia corresponde a "Cayrú Cardal" S. B. A. 01189 de mis planteles, nacida en noviembre de 1923, gateada rizada hasta la edad de seis meses en que quedó completamente lacio y derecho su pelo. La madre era una gateada "Achura Cardal" S. B. A. 0345, campeona criolla de Palermo el año 1921, y su padre el campeón tostado overo de 1922, "Olvido Cardal" S. B. A. 85. Ninguno de ellos ensortijado.

En 1930 observé el tercer caso: un caballo de trabajo de mis peones, "Bendito Cardal" S. B. A. 948, un picazo elegante completamente crespo, que era la curiosidad de la gente en los pagos del Cardal; hijo de Mangrulla c. y Brujo c.; Mangrulla es la madre del Olvido, y Brujo también hijo del Olvido, por donde se encuentra un parentesco reforzado con Cayrú Cardal.

El cuarto caso es el de la yegua gateada que me envió Echenique, de Rio Grande do Sul.

En cuanto a la estrechez de los cascos observada por Azara en los ejemplares *pichaí*, en ninguno de los citados casos la hallé; siempre mostraron sus cascos con desarrollo mediano y en proporción al de su cuerpo, como todos los individuos bien conformados de la raza.

TAPADO

SINONIMIA

Español: sin señal, zaino, hito.

Centro y Norte de Brasil: *zaino.*

5. BENIGAR, Juan. *Comunicación a E. Solanet*; Colonia Catriel. Río Colorado, 1924.

Sur del Brasil (Rio Grande) y Uruguay: *tapado.*
Francés: *zain.*
Italiano: *zaino.*
Cowboy norteamericano: *solid dead white, snow white.*

DEFINICIÓN

El término "tapado" significa en la Argentina el caballo sin mancha ni señal alguna en su capa; tiene todos los pelos de un mismo color. De tal modo, pueden existir alazanes, gateados, colorados, zainos, oscuros, tapados; etcétera.

Al avanzar la edad, con la senectud aparecen pelos blancos naturales canosos. El diccionario castellano recopilado del 1726 al 1739 dice: "A los castaños que no tienen ninguna señal blanca, llaman zainos", y decía "hito" al caballo negro, del que corría el refrán: "Hito sin señal, muchos le buscan y pocos le han" [6]. El Diccionario de la Real Academia Española editado en 1925 explica en "Hito, adj. Negro. Aplícase al caballo sin mancha ni pelo de otro color", lo que corresponde con la definición de Cabrera (Comunicación del 25 de diciembre de 1926): "Hito, en España sólo se dice del caballo sin pelo blanco cuando el pelaje es morcillo (morcillo = oscuro)". De modo que hoy, en los idiomas europeos, el zaino significa nuestro tapado; y además, en castellano, al oscuro-tapado se le dice "hito". El oscuro tapado es el pelo preferido por el gaucho rioplatense y riograndés para lucir sus aperos chapeados en plata.

6. *Pintura de un potro* (España, 1655). Diccionario de la Lengua Castellana. Madrid, años 1726, 1729, 1732, 1734, 1737 y 1739.

CAPÍTULO TERCERO

Las particularidades de la cabeza

PELOS BLANCOS EN LA FRENTE, ESTRELLA, LUCERO Y CORAZÓN

SINONIMIA

ARAUCANO (pampa): *huircán* (pintado o manchado en la frente) [1], *ligh tol* o *pülag tol* (frente blanca), *wirkan* (cualquier mancha blanca) y *püchü ke ligh tol* (la frente un poco blanca). [1]

CHILE, URUGUAY, PARAGUAY, RIO GRANDE DO SUL Y RESTO DEL BRASIL: *estrella.*

MÉXICO: se usa decirle "frontino" al que tiene toda la frente blanca.

ESPAÑOL: frontino, frontina, estrella (chica), lucero (grande).

FRANCÉS: *étoile, coeur sur le front.*

DEFINICIÓN

Si lleva pocos pelos blancos en la frente, se le dice "pelos blancos". Cuando la mancha blanca es más o menos circular y llega al tamaño de una nuez, se dice "estrella".

Si se aproxima al de una naranja es "lucero". Y si da la forma de un corazón se habla de "corazón en la frente".

Pueden hallarse en el centro de la frente o desviadas, hacia la derecha o sobre la izquierda.

El de la estrella grande o lucero es de buen augurio para nuestro paisano; igualmente lo era para el aborigen. "El parejero oscuro estrella blanca en la frente, que Painé enfrenaba en los grandes días de pelea..." [2]

El árabe también lo aprecia, sobre todo cuando le acompañan cabos negros. Asimismo agradó al castellano.

> "*Blanca estrella en la frente le amanece*
> *que torvas iras de su ceño aleja*".
>
> (QUEVEDO, *Orlando*, canto 2)

1. BENIGAR, Juan. *Comunicación citada*. Colonia Catriel, Río Negro, 1924.
2. ZEBALLOS, Estanislao S. *Painé*. Buenos Aires, 1886.

TESTERILLA

SINONIMIA

Español: frontino.

DEFINICIÓN

Al existir varias manchas blancas en la frente, en el lugar donde va la testera [3], y de tamaño parecido al cobre de dos centavos, se usa decirle "testerilla".

Igualmente se le da este nombre al caballo que lleva sobre su frente blanca una o varias manchas del color del resto de su capa. En España se le llama "armiñado" (Ángel Cabrera, 1926).

Tostado malacara y testerilla era el campeón criollo de 1922, "Olvido Cardal" S. B. A. 85, por llevar en la región frontal una mancha de color tostado sobre la blanca superficie anterior de su cabeza.

En los Diccionarios castellanos antiguos y modernos no se encuentra esa palabra; sólo usan para significarla el término "frontino" (que tiene alguna señal en la frente). Tal vez aquel diminutivo fuera adoptado para el pelaje, por los gauderios rioplatenses; éstos, en su apogeo (Independencia hasta fines del siglo XIX) cuidaron con esmero la testera, la cual, prolijamente adornada, cubría la frente del flete con sus ramales trenzados, y a veces con borlas de seda o plateados [4]. Y con razón dijeron "testerilla" al pingo que llevaba manchas en el lugar recubierto por la primorosa testera.

MASCARILLA

DEFINICIÓN

Es el que muestra las manchas en la cara, vale decir, en la región comprendida entre los ojos y el hocico.

En los idiomas europeos no encuentro palabra con tal acepción.

Aquí ya se usaba en la época colonial; en 1658 don Diego Alvarez tenía una manada del padrillo "Mascarilla"; igualmente, en 1796 se cita un malacara mascarilla [5] (cara blanca con manchas de otro color). Malacara y mascarilla era la campeona criolla de Palermo en 1926, "Tandil Cardal" S. B. A. 01191.

3. "Testera", vale decir, el ramal que corre sobre la frente del caballo y que sujeta y adorna la cabezada del freno; anteriormente al 1860 y 1870, la testera mantenía el fiador. Es castizo este vocablo, que significa, según el Diccionario de la Academia Española, "el adorno que se ponía en la frente del caballo y otras bestias" (1925).
4. SOLANET, Emilio. *Iconografía del criollo*. Buenos Aires, 1928. Acuarelas y pinturas hípicas del Río de la Plata del 1820-30-40-50 y 60, especialmente en las de Palliére, Lezica, Morel, Pellegrini y Monvoisin.
5. GRENÓN, Juan P.

LISTA

SINONIMIA

Uruguay y Sur del Brasil: también se usa decir "lista".

Araucano (pampa): *mallol agé* (*malló* es una tiza blanca, y *agé* es cara).

Brasil y Portugal: *cordâo.*

México: cordón.

Español: cordón.

Francés: *liste en tête.*

Italiano: *lista.*

DEFINICIÓN

Este término lo trae el primer Diccionario de la Lengua Española (1726-39). Significa al que lleva una línea o raya blanca sobre la superficie anterior de la cabeza. Su ancho debe ser menor al de dos dedos; siendo mayor se le dice "malacara".

Si la lista recorre toda la cabeza hasta la nariz, se le llama en el Brasil "*frente aberta*".

Denomínase "tuerta" cuando se desvía de la línea media; puede serlo a la derecha o a la izquierda; la "lista torcida" es señal de traidores, como no lo es la derecha [6]. Suele ocupar sólo el cráneo, sólo la cara o ambas en toda su longitud. Se le llama "lista perdida" cuando se interrumpe durante su decurso; era así el "trascañado" en España del siglo XV.

MALACARA

SINONIMIA

Araucano (pampa): *pülag tol* (frente blanca), *wirkán* (pinta blanca), *wirká* o *wircán tol* (mancha blanca en la frente), *huircán.*

Argentinismo de los indios pampas: *malákara.* Del que no salen hoy los pampas, para significar "malacara"; les han entrado en la sangre esos barbarismos y así no usan aquellos vocablos que les son propios. [7]

Argentina: carablanca. En la Provincia de Córdoba se usa este sinónimo, que en la de Buenos Aires no es corriente.

Chile: cariblanco.

Uruguay: malacara.

6. *Pintura de un potro.* Península ibérica, 1655.
7. BENIGAR, Juan.

EL TOSTADO MALACARA Y TESTERILLA

SUR DEL BRASIL: *mala-câra.*
ESPAÑOL: careto; el frontino no corresponde a nuestro malacara sino al lucero, al estrella o al testerilla. "Malacara" no se halla en los Diccionarios españoles como propio del idioma castellano. Los lexicólogos argentinos y la *Gran Enciclopedia Universal Ilustrada* (J. Espasa, Barcelona) lo consideran argentinismo. [8]
FRANCÉS: *liste en tête.*
ITALIANO: *gran lista.*
INGLÉS: *brown* (zaino), *or bay* (colorado) *with white face and legs. Horse of any colour with a clean white blaze down the front of the face*[9].
COWBOY AMERICANO: *white faced* o *bald faced.* [10]

DEFINICIÓN

"Malacara" es el término usual en el Río de la Plata y Rio Grande do Sul, para significar al que lleva blanco en la mayor parte de la superficie anterior de la cabeza. El malacara se diferencia del lista por el ancho y así mayor apariencia del blanco. Es listado cuando no tiene más de dos dedos de ancho.

El poeta Hilario Ascasubi, en su *Santos Vega* (París, 1872), lo define así: "Caballo alazán dorado que tiene la frente blanca". Daniel Granada, en su *Vocabulario rioplatense razonado* (Montevideo, 1890): "Dícese del caballo o yegua que tiene una lista blanca en la cabeza, desde la frente al hocico", y Tobías Garzón (*Diccionario de Argentinismos*, Barcelona, 1910): "del caballo que tiene el cuerpo colorado y la frente blanca"; definiciones incompletas y en algo equivocadas.

El Diccionario de Argentinismos de Lisandro Segovia (Buenos Aires, 1912) dice mejor: "la caballería que tiene una lista blanca perpendicular desde la frente hasta el hocico, con tal que no sea picazo..."; pero no la diferencia del listado.

8. LEHMANN, Nitsche. *Comunicación a E. Solanet*. Buenos Aires, junio de 1928.
9. NORRIS, Guillermo.
10. ASHTON ROLLINS, Philip.

EL OSCURO CORAZÓN. EL COLORADO MALACARA Y MASCARILLA

SUBDIVISIONES

Hay malacaras con cualquier capa, así en los colorados, doradillos, cebrunos, alazanes, gateados, etc.; con la sola excepción de los oscuros. Los más frecuentes son los dos primeros, y así han hecho suyo el adjetivo, pues así como en el caso del ruano, que dicho así, "ruano" solamente, significa alazán crines blancas (a pesar de haber tostados, bayos y rosillos ruanos), también al decir "malacara" solamente, se entiende al colorado o al doradillo con tal detalle. Cuando el resto de la capa es negra se le dice "picazo".

La mancha blanca puede ser interrumpida o perdida y tuerta, o sea, desviada. También se usó decirle "trascañada" al de mancha blanca interrumpida. [11]

Además puede tener otras particularidades, así el *malacara mascarilla*, cuando sobre la cara blanca se encuentran pequeñas manchas de otro color y *malacara testerilla*, cuando las lleva sobre la frente.

Asimismo son frecuentes los *malacaras overos* (con manchas blancas en el cuerpo) y los *malacaras rabicanos* (con algunas cerdas blancas en la cola).

DIFUSIÓN

En las provincias del interior y durante la época colonial se usó este vocablo con

11. *Pintura de un potro*. Recopilación de libros de la jineta anteriores al 1655 (España).

tal acepción. En 1668 se cita un malacarita y en 1742 a un malacara en la provincia del Tucumán. [12]

En el sainete *El amor de la estanciera* (1787), cuyas escenas pasan en el sur de la Provincia de Buenos Aires, también figura entre las denominaciones de los pelajes criollos [13]. El caballo que montaba el general Paz cuando lo tomaron prisionero era malacara chiquizuela blanca (Adolfo Saldías).

Como bien dice R. Lehmann Nistche, es evidente que el término "malacara" nada tiene que ver con "mala cara", término figurativo que significa señal de desagrado y persona que tiene el semblante ceñudo.

Un caballo malacara, por la peculiaridad del pelo que cubre su cara, ofrece un aspecto agradable y bonito, y constituye uno de los pelajes típicos del criollo, al que cantara tantas veces el payador sudamericano:

> "*Tuve un zaino malacara*
> *que a él le debo la vida,*
> *ya que en la lucha reñida*
> *me sentí desfallecer;*
> *pero el zaino, victorioso*
> *me sacó del trance fuerte*
> *cuando estaba por perder...*"

(ANDRÉS PÉREZ CUBERES)

PAMPA

SINONIMIA

ARAUCANO (pampa): *pülag age* (cara blanca). [14]
RIO GRANDE DO SUL: *pampa* [15], *frente aberta.* [16]
ESPAÑOL: careto, cara hermosa. [17]
FRANCÉS: *belle face.*
ITALIANO: *bella faccia.*
INGLÉS: *white forehead, and cheeks* [18], *bald-face.* [19]

12. ROJAS, Ricardo. *La literatura argentina. Los gauchescos.* Buenos Aires, 1917.
13. GRENÓN, Juan P.
14. BENIGAR, Juan.
15. ROMAGUERA CORREA, I., CALLEGE, Roque y ECHENIQUE, Guilherme
16. ECHENIQUE, Guilherme.
17. ESPEJO Y DEL ROSAL, Rafael.
18. NORRIS, Guillermo.
19. CUNNINGHAME GRAHAM, Roberto.

EL PAMPA: "ÑANCÚ AGÉ" ZARCO Y FIADOR

DEFINICIÓN

Es el que trae blanco, no sólo en la superficie anterior de la cabeza, sino también sobre una o las dos laterales: algunas veces el blanco alcanza hasta los ojos y en tal caso uno o dos de éstos suelen ser zarcos.

El águila pequeña "Ñancú agé", ave sacrosanta de los indios pampas, la de cara y pecho blancos, explicaría la predilección de estos indios por los caballos de tal dispositivo (Juan Benigar). Y es probable que de la frecuencia de estos caballos entre los que usaban los indios pampas, el cristiano adoptara su nombre para designar tal particularidad.

Refiere Rodríguez Larreta el agrado con que solía nuestro buen amigo don Roberto Cunninghame Graham pasear los domingos por Rotten Row, hacia 1876, en un "Pampa", su caballito criollo, que asombraba a las gentes de Londres. [20]

En el Brasil se dice *com enbornal* si la mitad inferior de la cabeza es blanca. [21]

PICO BLANCO

Cuando tiene señal blanca en el hocico.

SINONIMIA

ARAUCANO (pampa): *pülaa wun* (*wun* es boca o pico). [22]

En MÉXICO, URUGUAY Y CHILE se usa con el mismo significado.

RIOGRANDENSE: *bico blanco*. [23]

BRASIL: *bebe no branco*. [21]

El COWBOY AMERICANO, al caballo con mancha blanca en la nariz, le dice *snip*. [24]

20. RODRÍGUEZ LARRETA, Augusto: *La evocación de Hudson*. Buenos Aires, 1928.
21. LIMA CORREA, P. de.
22. BENIGAR, Juan.
23. ECHENIQUE, Guilherme.
24. ASHTON ROLLINS, Philip.

ESPAÑOL: blanco a la extremidad de la nariz, bebe con blanco o bebe con el superior. Y "bebe en blanco con los dos", o "bebe con los dos", cuando tiene blanco en los dos labios. [25]
FRANCÉS: *buvant dans son blanc de la lèvre supérieure, de la lèvre inférieure, des deux lèvres.*
ITALIANO: *bevente in bianco.*

DEFINICIÓN

El primer Diccionario de la Lengua Castellana (1726-39) dice: "Beber con blanco: frase que se entiende de los caballos para significar alguna señal blanca en el hocico, de la cual se infiere que serán buenos y leales".

Los hubo muy mentados entre los del país. Según dice Eduardo Gutiérrez, el "Pico Blanco" del matrero Juan de la Cruz Cuello, tan célebre en Buenos Aires hacia el final de la dictadura de Rosas (1849-1852) y que saltaba con increíble facilidad los "carros de cola", era veloz y de tiro largo y tenía fama de ser el mejor parejero de Buenos Aires.

PICAZO

Es el oscuro que lleva blanco en la cabeza.

SINONIMIA

ARAUCANO (pampa): *wirká tol, wirkantol* y *pülag tol* o *ligh tol* (que hoy no la usan) [26], *huircán* (significa cualquier pinta blanca). [27]
CASTELLANO USADO EN EL RÍO DE LA PLATA, ÉPOCA COLONIAL: picaso. [28]
HISPANISMO DE LOS INDIOS MOCOBÍES: *picaso.* [29]
HISPANISMO DE LOS INDIOS PAMPAS: *pikazú.* [26]
RIO GRANDE DO SUL (BRASIL): *picasso, picaço.*
ESPAÑOL: picazo [30], oscuro careto o cara hermosa. [31]
INGLÉS: *black with white legs and face* [32], *black with white blaze and points* [33], *black with white blaze.* [34]

25. ESPEJO Y DEL ROSAL, Rafael.
26. BENIGAR, Juan.
27. ZEBALLOS, Estanislao S.
28. GRENÓN, Juan P.
29. LAFONE QUEVEDO, Samuel.
30. *Pintura de un potro* (España, 1655).
31. Real Academia Española.
32. DRYBROUGH, T. B.
33. NORRIS, Guillermo.
34. ELLIOT, L. E. *The Argentina of to-day.* London, 1925.

PICAZO

LA ACEPCIÓN HÍPICA DE LA PALABRA "PICAZO"

En 1655 el término "picazo" se usaba en España, como puede leerse en *Pintura de un potro*, y aplicado al caballo oscuro con blanco en la cabeza.

El primer Diccionario castizo (1726-39) explica: "picotear; se dice del caballo cuando no lleva el rostro firme, o sea, del que mueve de continuo la cabeza de arriba abajo, y de abajo arriba", vale decir, nuestro "escarceador". De modo que el Diccionario castellano de esa época usa la palabra "picotear" como aplicable a la cabeza del caballo, aunque nada dice del pelo picazo, que ya se usaba en la hípica española, según el manuscrito citado del 1655. Tampoco la traen, como aplicada al pelaje del caballo en España o Francia, ninguno de sus Diccionarios modernos; sólo la citan, y erróneamente, como un americanismo.

La zoología y los diccionarios argentinos y españoles traen para "picazo": "Una variedad de las urracas comunes de España, caracterizadas por tener el pico y pecho blancos y el resto del cuerpo en parte o totalmente negros", y así dan para tal término una acepción parecida a la acordada en España en la época colonial y en América para los caballos oscuros con blanco en la cabeza. Por su parte, nuestro gauderio bautizó con esa voz a un ave, el "pato picazo", y con justa razón, ya que es blanco en la frente y cara, hasta el pico.

En el Tucumán, en el año 1729, ya se la usa para designar el pelo de un padrillo; asimismo en 1787 en Buenos Aires, en *El amor de la estanciera*. Hoy es voz corriente en la Argentina y el Uruguay.

En Rio Grande do Sul (Brasil), al "*picasso*" le dan el mismo significado que entre nosotros, y Romaguera Correa (1898) dice que ese término se origina de la voz platense "picazo"; desconoce su origen ibérico.

De tal suerte, esa palabra, por cierto de viejo abolengo castizo, continuó aplicada al pelo de su pingo, y con el mismo significado, por los gauchos, los caballeros del campo sudamericano, descendientes de los caballeros conquistadores. En España cayó luego en desuso, y así, hoy le dicen "oscuro careto", o "cara hermosa", en vez de "picazo".

Fue del agrado del gaucho, tal como reza en su refranero: "El picazo es pintor", vale decir, llamativo y donoso.

Algunos llaman también "picazo", y creo que equivocadamente, al oscuro que tiene una o varias manchas blancas sólo en el cuerpo o los miembros. Considero que etimológicamente sólo son los que la llevan en la cabeza. Los otros son overos negros, y no picazos; para serlo les falta la señal blanca en el "pico" o cabeza.

SUBDIVISIONES

Se dice *picazo lucero* al oscuro que lleva en la frente una estrella del tamaño de una naranja.

Picazo lista: si el blanco es alargado y angosto.

Picazo malacara: si su ancho es mayor de dos dedos y cubre el plano anterior de la cabeza. Es uno de los que gozaron de mayor prestigio en el pasado.

Picazo pampa: cuando además de la superficie anterior, la rebasa, ocupando una o las dos laterales de la cara. Especialmente apreciado por el indígena.

Picazo overo o picazo tero: al que, además del blanco en la cabeza, muestra blanco en otras partes del cuerpo. Las rimas bonaerenses afirman:

"*La lechuza es bataraza*
y el tero es picazo overo".

Es *picazo zarco*, *rabicano*, *bragado*, etc.: cuando además del blanco en la cabeza, lo tiene también en el iris del ojo (blanco azulado), en la cola, bragas, etc.

Picazo testerilla: aquel que lleva en el blanco de la frente, sobre el lugar que cubre la testera, algunas manchas negras pequeñas.

Picazo mascarilla: si las muestra sobre la cara.

Picazo galán: se dice del bien pintado y armonioso de formas.

CUALIDADES ATRIBUIDAS A LOS CABALLOS DE ESTE PELO

En general, ha sido referido con cualidades de guapeza, suerte y donaire. Un "ágil picazo" montaba el capitán mendocino don José María Anzorena, el 7 de noviembre de 1839, cuando al frente de la primera compañía del escuadrón Olmos, cargó enérgicamente abriendo brecha en las fuerzas de Prudencio Rozas, que así fueron dispersadas [35]. Artigas, durante su destierro en el Paraguay, "conservaba con predilección, el año 1841, un caballo picazo, viejo amigo, que le había acompañado en sus campañas" (Zorrilla de San Martín: *Epopeya de Artigas*). Y el artista Herrero lo presenta sobre un picazo lucero en su obra *Artigas en la meseta,* hermoso cuadro del Palacio de Gobierno en Montevideo.

El general Lucio V. Mansilla refiere de los ranqueles, preparándose para la lucha: "Serían como doscientos cincuenta. Un indio, seguido de tres trompas recorría la línea de un extremo a otro en un soberbio caballo picazo, proclamando la guerra. Era el cacique Ramón".

Y en prueba del gran aprecio que le tenía su dueño, al morir el cacique ranquel Painé, fue enterrado juntamente con su "picazo de pelea". [36]

El cancionero del gaucho riograndense le asigna destacada preferencia [37]:

"*Ah! se eu fôra tão ditoso*
Que ella me d'esse um abraço,
Por Deus, que en deixaria
Cupido passar-me o laço:
Em troca á ella daria
O meu cavallo picasso".

35. CARRANZA, Ángel I. *La revolución del 39 en el Sud de Buenos Aires*. Buenos Aires 1919.
36. ZEBALLOS, Estanislao S. *Painé* o *Dinastía de los zorros.* (Papeles de "Avendaño cautivo de los indios ranqueles del año 1840 al 45").
37. ROMAGUERA CORREA, I.

BOCA DE MULA

DEFINICIÓN

Aplícase al que lleva en la extremidad oral un desteñido análogo al de la mula.

A los zainos que muestran este detalle en el hocico, bajo vientre y axilas, se les dice "zaino mula" o "zaino pangaré". Se encuentra también en la boca del cebruno pangaré, doradillo pangaré, colorado pangaré, gateado pangaré, etc.

GARGANTILLA Y FIADOR

SINONIMIA

ARAUCANO (pampa): *mallo pel* (*mallo* es tiza blanca, y *pel* es garganta, pescuezo, cuello). [38]

RIO GRANDE: *gargantilha.*

DEFINICIÓN

El primer Diccionario español (1726-39) describe: "Gargantilla: el adorno que traen las mujeres en la garganta..." En el Río de la Plata se usó en la época colonial y aún se usa para distinguir al yeguarizo que lleva blanco en ese lugar. [39]

Se dice "lleva fiador", cuando la mancha es alargada y se extiende hacia atrás de las orejas, o sea, ocupando el lugar del apero de tal nombre.

ZARCO

SINONIMIA

ARAUCANO (pampa): *karü ge* o *kashü ge* (ojo verde o azul). [40]

ARGENTINISMOS: chono, chosno, choslo, quitilipe.

RIOGRANDENSE: *salgo* [41], *zargo.* [42]

BRASIL: *gazeo* [43].

ESPAÑOL: zarco (1726-1739); hoy se le dice "albino".

ITALIANO: *occhio vaio.*

38. BENIGAR, Juan.
39. GRENÓN, Juan P.
40. BENIGAR, Juan.
41. ECHENIQUE Guilherme.
42. TESCHAUER, Rev. P. C.
43. LIMA CORREA, P. 45.

INGLÉS: *wall eyed*[44], y lo mismo dice el cowboy americano.[45]
ALEMÁN: *Fischaugen* (ojo de pescado).[46]
ESLAVO: *ribie oko* (ojo de pescado).[47]

Sinonimia española: El caballo *albino*, según la Academia Española, es el que tiene el iris, la piel y pelos más o menos blancos por falta congénita, total o parcial, del pigmento que les da a esas partes del organismo los colores propios de la especie. De modo que ese término abarca nuestro zarco, el cual, por otra parte, ya dijimos que es de vieja cepa castiza.

Sinonimia brasilera: gazeo. Diz-se que o cavallo é gazeo quando tem um ou dois olhos descoloridos com uma côr geralmente azul clara. E'semsivel á luz. Quando gazeo é de pêlagem branca, o cavallo é vulgarmente chamado "pombo".

Sinonimias argentinas: quitilipe. El decir gauchesco, "el blanco y zarco es quitilipe"[48], tiene a mi juicio la siguiente explicación: es frecuente que los blancos zarcos tengan los párpados irritados, poblados de escamas y costras y sufran dificultades visuales cuando están expuestos al sol; el zarco trata de quedarse quieto y es dormilón durante las horas del medio día; en cambio es caminador al oscurecer, análogamente a lo que hace el "quitilipe", ave nocturna catamarqueña parecida al búho, de grandes ojos y que espanta o ataja los caminos".[49] Este pájaro; que aun existe hoy día en esa provincia andina y vecinas, justifica, a mi entender, el citado refrán campero para el caballo blanco y zarco. Repetidas veces he podido observar que en las horas del sol fuerte los zarcos son siesteros y es posible acercárseles de a pie y sorprenderlos. Igualmente que al arrearlos o montar sobre ellos son desconfiados, espantadizos y ariscos, llevando las orejas alerta y en rotación máxima hacia adelante en el deseo sin duda de compensar la mala visión (la que les origina frecuentes tropiezos) por medio de una mayor aplicación del sentido auditivo y el de la orientación radicado en los canales semicirculares del oído interno. Y esta es, creo, la explicación de la constancia con que al marchar llevan las orejas en extrema rotación anterior y pareciendo más arqueadas, como lo he notado, y asimismo como lo refieren para los quitilipes los indios pampas del Río Colorado[50] y algunos hacendados antiguos del sur de la Provincia de Buenos Aires.

44. NORRIS, Guillermo.
45. ASHTON ROLLINS, Philip.
46. Así le decían los caballerizos y directores del circo Sarrasani (alemanes) a un tobiano colorado, rectilíneo, hipermétrico y zarco bilateral, oriundo de Dinamarca. Buenos Aires, mayo de 1924.
47. JELUSICH, Felipe.
48. LIMA CORREA, P. de.
49. LAFONE QUEVEDO, Samuel: *Tesoro de catamarqueñismos*. Buenos Aires, 1898.
50. BENIGAR, Juan.

Chono, chosno, choslo: Los términos "chono", "chosno" y "choslo", como sinónimos bonaerenses del zarco o quitilipe, los he oído aplicar a muchos entendidos en el léxico campero. Eran y son abundantes entre los blancos, overos, porcelanos, pampas, azulejos y otros albos en la cabeza. Me han referido la existencia hacia 1870 de numerosos yeguarizos chonos y siesteros o quitilipes, en la zona de los campos del "Rincón" de Vivot, al norte del Río Salado, Chascomús (Provincia de Buenos Aires), donde recordaremos que, según noticias recogidas de diversos orígenes, abundaron los azulejos overos y blancos porcelanos.

Orígenes de estas sinonimias: los textos castellanos no tienen la palabra "quitilipe", la cual, según Lafone Quevedo, es un catamarqueñismo; como tal la trae también Segovia en su *Diccionario de Argentinismos.* La palabra "chono", "chosno" o "choslo" no la cita ningún diccionario con tal significado. Así el Español de 1726-1739 dice "Chozno: El cuarto nieto o nieta que son correlativos al cuarto abuelo o abuela. Aviso de privados. Fray Antonio de Guevara: Si no me engaña mi memoria, cuando yo allá ya tenía dos nietos casados, bisnietos desposados y aun choznos nacidos". "Chosnos" es también el nombre del archipiélago del sur de Chile y así se designa a los indios que lo habitan. Pero hasta hoy, nada que explique la sinonimia "chosno", para el zarco.

DEFINICIÓN

Es el caballo que tiene uno o los dos ojos con el iris azul claro o casi blanco. Usase regularmente, hablando de los ojos. Por lo común llevan blanco en la piel vecina al ojo y blancos los párpados y pestañas.

Este término lo trae con tal acepción el viejo primer Diccionario castellano: "Zarco: que se aplica al color azul claro, que tira a blanco, como el que muestran algunas aguas; viene del arábico. Se aplica también a los ojos azules claros".

En 1650 se cita un blanco zarco, de la silla de don José Ramírez, en la Provincia de Tucumán.39 En 1800 refiere Azara los caballos blancos y píos u overos en el Paraguay, que tenían los "ojos azules, peladuras y caspa".

Hoy también es voz corriente en la campaña argentina, del Uruguay y del Brasil. En Palermo, el año 1924, el padrillo "Rajido", expuesto por su criador, don Santiago H. Rocca, era zarco bilateral, con los párpados blancos y el resto de su cuerpo vestido de un matiz bayo huevo de pato. El padrillo "Talero Cardal", gateado, segundo premio en Palermo (1925), era zarco del lado del lazo. Algunos otros de raza pura se han visto posteriormente, pero cada vez más escasos, pues se les desecha de la reproducción porque sus ojos no ofrecen para los rayos del sol la resistencia de los pigmentados, y así resulta que al sol fuerte sufren dificultades ópticas.

BIGOTES

DIFUSIÓN

En la raza criolla no es raro encontrar ejemplares que llevan bigotes. Este hecho ha sido señalado en 1923 por el doctor Octavio Peró. Especialmente notable entre los criados en el Sur patagónico, de clima frío, suelo árido y escasamente provisto de pastos. En la Provincia de Buenos Aires suelen llevarlo, pero con un menor desarrollo.

La yegua "Mahuida Cardal" S. B. A. 0155, marca sola de los indios tehuelches del suroeste del Chubut, doradilla bragada y crespa, presentaba a los siete años, y sobre el labio superior, producciones pilosas blancas que alcanzaban a dos centímetros de largo.

A los seis meses de seleccionar y traerla a la Provincia de Buenos Aires (Ayacucho) habían casi desaparecido: apenas medían medio centímetro de largo. Sobre treinta y un reproductores yeguarizos criollos puros, seleccionados en el suroeste patagónico en 1919, muchos tenían bigotes regularmente desarrollados de uno y dos centímetros de longitud; pero había tres casos que llamaron justificadamente mi atención por pasar esas medidas. Uno de ellos, de ocho años, tostado, malacara, los tenía de cinco centímetros de largo, formando un voluminoso bigote. Le tomé una fotografía a los veinte días de llegar, en previsión de lo sucedido con "Mahuida", y con resultado, pues a los cuatro meses el animal los mostraba muy cortos; ya no medía más de un centímetro. A ese largo se redujeron paulatinamente y sin duda por desgaste por rozamiento al comer el abundante pasto fuerte de los campos de Ayacucho.

Un ejemplar de longevidad extrema, de la marca "Del Pino", de don Heriberto Gibson, y el que ha sido objeto de publicaciones anteriores [51], el doradillo malacara, que en 1925 tenía cuarenta y cuatro años, lucía bigotes de un centímetro de largo. Este animal, nacido en la zona de los montes de la costa (Tuyú), pasó la mayor parte de su vida en los pagos colindantes de Rauch y Ayacucho. El padrillo "Africano Cardal" S. B. A. 21, gateado, reservado de campeón en Palermo el año 1920 y padre del mayor número de campeones criollos en la Argentina, mostraba análoga particularidad y medidas. Y podemos decir que se le halla con relativa frecuencia en los ejemplares puros de la estirpe colonial.

Por otra parte, muchos recordarán que hacia el año 1900 casi todos los chuzos criollos atados a los tranvías de Buenos Aires llamaban la atención por sus largos y bien cuidados bigotes. El mayoral, personaje típico, con una flor colorada en la oreja, con su vestuario y figura acicaladas, extendía su pinta hasta la yunta, demostrando con el esmerado tuse, limpieza y retorcidos bigotes de sus pingos, su convencimiento de que

51. SOLANET, Emilio: *Longevidad de la raza criolla*. Buenos Aires, 1925. Anales de la Sociedad Rural Argentina.

constituían un mérito más para conquistar la prenda. Entre las razas europeas se cita la de Camarga, de colores claros, como dotada de análoga particularidad. Y señalaremos, al pasar, que, según los historiadores, este rústico, resistente y pequeño caballo camargués, entró antes de 1550, aunque en pequeña proporción, en la Península Ibérica, y así, tal vez algún poco en la formación del caballo español, que vino después a fortalecerse en el rudo ambiente americano.

CAPÍTULO CUARTO

Las particularidades de los miembros

CALZADO

SINONIMIA

ARAUCANO (pampa): pata blanca: *ligh namun*, *pülag namún*; trabado o cruzado: *welul pülag* (o *ligh*) *namuns.* [1]
RIO GRANDE DO SUL: *calçado.*
ESPAÑOL: calzado, argel, trabado, un albo, dos, tres y cuatro albo. [2]
COWBOY AMERICANO: *stockinged.* [3]
FRANCÉS: *balzane*, *arzel.*
ITALIANO: *balzani.*

DEFINICIÓN Y SUBDIVISIONES

Se denomina "calzado" al que lleva blanco en uno o varios de sus remos.

Argel: el término "argel", derivado del arábigo *archel,* se usa y usó en España como sinónimo de calzado; así, se dice "calzado o argel de la mano de brida", "argel de la mano y pie de montar", "trabado argel", "argel de la mano de la lanza", "argel tresalbo", etc. Pero según Ángel Cabrera y otros autores modernos, los verdaderos entendidos en caballos de España sólo llaman "argel" al que lleva el pie posterior derecho blanco. Igualmente en México [4]. En la Argentina se le usa en todas las acepciones, pero más comúnmente en la última, lo que corresponde por otra parte con el valor que los franceses dan al vocablo "*arzel*" [5].

Maneado: "de adelante", al que muestra blancas sus dos manos, y "de atrás" si lo son las dos patas.

1. BENIGAR, Juan.
2. *Pintura de un potro* (España, 1655).
3. ASHTON ROLLINS, Philip.
4. RINCÓN GALLARDO, Carlos.
5. CABRERA, Ángel.

Media res: cuando está calzado en bípedo lateral (:).

Cruzado: cuando los remos blancos se hallan en diagonal (·.). Igualmente en Rio Grande do Sul y Uruguay.

Un cruzado es derecho cuando es blanca la mano de ese lado e izquierdo en el caso contrario.

El farrapo riograndés, tan conocedor de sus montas, dice al respecto del cruzado de la derecha: "*pé nó estribo e mao na lança, cavallo para tudo*".

Uno, dos, tres y cuatro blancos: las expresiones "uno, dos, tres y cuatro blancos" son usuales en Sud América. Se dice "calzado de la mano o pie de montar" y "calzado de la mano o pie del lazo". El *calzado de tres*, o *trabado*, se individualiza agregando la que es impar; así, "trabado con la mano derecha", significa que es calzado de las dos patas y de la mano derecha.

Principio de calzado, calzado y calzado alto: según la superficie que cubre el blanco se habla de "principio de calzado" cuando no llega al nudo; "calzado" si cubre esa articulación y no alcanza la rodilla o el garrón y "calzado alto" cuando llega o pasa estas articulaciones.

También se localizan las calzas, y se dice:

Coronilla, cuando es una faja angosta que corona el contorno del casco.

Anillo, si el blanco cubre la cuartilla.

Nudo blanco, caña blanca, cuando lo muestran estas regiones.

Botas con delantal: al caballo cuya calzadura llega hasta arriba del garrón y termina delimitándose según una línea oblicua de arriba abajo y de adelante atrás, se dice que "lleva botas con delantal". Esta frase significa que del cuero con tal dispositivo pueden sacarse las botas de potro más apreciadas por el gaucho; las que una vez colocadas tendrán la particularidad de llevar blanco en la parte anterior de la pierna del hombre, y de aquí la denominación de "botas con delantal".

La bota cuya parte posterior es negra y la anterior lleva el delantal blanco, o sea, la de más contraste, fue la preferida por los gauderios; la dan frecuentemente los picazos, a los que entonces dicen "picazo botas con delantal".

Según las formas como terminen las calzaduras pueden ser: regulares, irregulares, dentadas, etc.; hacia anterior, posterior, adentro o afuera.

Calzado mosqueado, salpicado, chorreado, etc.: cuando lleva dentro del blanco algunas pintas o manchas con ese aspecto.

CUALIDADES ATRIBUIDAS A LAS CALZADURAS

En *Pintura de un potro* (España) se dice: "Los argeles, sólo en España, y no en las demás naciones, los tienen por de mala señal, porque en la batalla de Argel se tubo quenta que mataron algunos que yban en cavallos de pié derecho blanco, y de aí les quedó el nombre y desde entonces los tienen por desgraciados; y son cavallos de bondad y á avido muchos mui buenos, y el desgraciado es el cavallo porque bale poco y todos huyen dél y cualquiera cosa que suzeda de desman lo atribuyen á la señal, y no reparan las muchas desgracias que an suzedido en los que no la tienen".

Este prejuicio se extendió a los galos, que también miraron como de mal augurio al *arzel*, o sea al calzado sólo de la pata derecha. Según el hipiatro Federico Grissón, "el jinete debe cuidarse de montarlo en un día de batalla, pues será soberbio pero infortunado".

Referencias árabes traen su predilección por el cruzado derecho (confirmada por el farrapo riograndés): prefieren el maneado trasero y no les merece confianza el delantero.

ARGEL

Hutchinson, en 1862, viajando por Córdoba (Argentina), dice en su diario: "Viendo pasar un caballo que tenía tres patas blancas, le dije al coronel Condarco que en Inglaterra se menospreciaban esa clase de animales. Y él me contestó, repitiéndome el adagio que les da gran aprecio en este país: "Caballo calzado de tres, no lo vendas, ni lo des".

Entre los camperos de nuestra época se considera de importancia la disposición del blanco en los remos:

"*Calzado de uno, cómpralo;*
calzado de dos, míralo bien;
calzado de tres, no lo vendas ni lo des;
guárdalo para tu vejez.
Calzado de cuatro, véndelo caro o barato"

MANEADO DE ADELANTE

La mayoría de los rioplatenses y riograndenses consideran el casco negro u overo como mejor por su dureza y consistencia. El blanco, que es blando y fácil de despear, acompaña casi siempre al calzado. Lo que corresponde con el decir que trae el citado libro de la jineta *Pintura de un potro*: "Manos blancas no las quisiera, que sólo son buenas para las damas". La observación campera sudamericana enseña que tiene gran importancia el color de la pezuña; así, el casco negro y también el overo, el amarillo o el veteado son muy superiores en cuanto a dureza, resistencia y elasticidad que el blanco; éste es quebradizo, blando, fácilmente se despea y alberga "hormigueros" o caries córneas, causantes a veces de graves y largas manqueras.

MANEADO DE ATRÁS

CABOS NEGROS

DEFINICIÓN

Significa el que es oscuro en sus partes extremas, vale decir, la crin, cola, punta de las orejas y porción distal de sus remos. Se dice así en casi todos los países latinoamericanos.

Es el *black point* de los ingleses.

En nuestra campaña es indicativo de buenas cualidades, y especialmente por los cascos, que siendo negros son mejores. En el año 1668 encuentro este término en escrituras de la provincia del Tucumán. Los árabes estiman al que tiene una estrella o lista blanca y los cuatro remos negros. Igualmente los preconizaba la hípica ibérica. [6]

MEDIA RES DEL LADO DEL LAZO

6. AGUILAR, Pedro de: *Tratado de caballería de la jineta*. Madrid, 1572.

MANO MORA Y PIE MORO

DEFINICIÓN

Aplícase al que lleva ese pelaje en alguno de sus remos. Sabemos que tal color se produce por la mezcla de pocos pelos blancos, con muchos negros y produciendo un reflejo azulado. Comúnmente cubren la piel comprendida entre el vaso y el nudo. Son mentados por su velocidad y guapeza. El dicho bonaerense "El mano mora, si no alcanza, llora", demuestra la fe que a los paisanos carreristas les merece este distintivo. Mano mora y rosillo acerado en el resto del cuerpo era el flaco caballito criollo que con noventa y un kilos galopó ciento setenta kilómetros, ocupando el primer puesto en la carrera de doce horas realizada en Ayacucho el 5 de enero de 1924.[7]

El mote "mano mora" aplicado al gaucho, indica su baquía para el trabajo o la pelea.

CRUZADO DEL LADO DE MONTAR

7. *Diario La Época*. Buenos Aires, 15 de enero de 1924.

CEBRADO

SINONIMIA

Chile, Uruguay, Paraguay, Rio Grande do Sul: *cebrado*.

Español: zebrado, cebrado.

Francés: *zebré*.

Italiano: *zebrature*.

DEFINICIÓN

Se dice del flete marcado con varias rayas transversales y oscuras. Generalmente miden de uno a dos centímetros de ancho.

PRINCIPIO DE CALZADO, CORONILLA

Se encuentran con más frecuencia en las regiones próximas y superiores a la rodilla y tarso. En algunos casos aparecen también sobre la marucha y espaldas, una, dos o tres rayas veteadas y descendentes desde la cruz (la llamada "raya de mula cruzada"); pocas veces se observan sobre la base y en la mitad del cuello, corriendo desde el borde de la crinera hacia abajo.

Son frecuentes en los gateados las marcas con figuras del losange, tres o cuatro concéntricas y sobre la frente. Y finalmente, en muy raros casos las he observado distribuidas como en la cebra, sobre todo el cuerpo, ligeramente sinuosas e interrumpidas; es el caso de los llamados gateados barcinos. (Véase "gateado").

Las cebraduras se destacan más al nacer y en la edad juvenil. Las próximas a la rodilla y garrón existen en casi todos los gateados; uno de los caracteres más típicos de este pelo. También se notan en los lobunos y sobre algunos cebrunos y tostados. Son asimismo especiales al asno y la mula.

MANOS BLANCAS Y BOTAS CON DELANTAL

RANILLAS

SINONIMIA

ESPAÑOL: cerneja.

DEFINICIÓN

El manojo de pelos más largos que forman la ranilla, sólo cubre en la raza criolla la cara posterior del nudo, o sea alrededor del espolón del nudo; es de mediano desarrollo y en su máxima longitud apenas alcanza hasta la altura del vaso. Si son muy abundantes y alargados o existen también sobre las cuerdas indican la mestización.

Era usual hasta el año 1890 la ranilla entera en los animales bien cuidados, la que adquiría así un dispositivo arqueado, de moda en esa época.

ESPEJUELOS O CASTAÑAS

DEFINICIÓN

Se hallan casi siempre cuatro espejuelos, uno sobre cada miembro. Dos en medial y distal del antebrazo, y los otros dos sobre medial y cerca de la cara posterior del garrón.

En la raza del país, estas producciones córneas con cierta frecuencia son de tamaño reducido o faltan en los remos posteriores. En casi todas las demás estirpes caballares las muestran constantemente. Mis observaciones sobre los pies de cien ejemplares criollos de pedigree, en Buenos Aires (1943 y 1944), me dieron un 44 por ciento con espejuelos de tamaño reducido a la mitad, o menos aún, que los normales, y un 3 por ciento en que faltaban por completo. Entre sus antecesores los bereberes se halla esta particularidad con parecida frecuencia. En los árabes y de carrera suele observarse la misma falta o reducción, aunque en menor número de veces.

Se imprimieron 4000 ejemplares
en el mes de abril de 2014, en Ronor®
Buenos Aires, Argentina